市政与环境工程系列丛书

给水排水与采暖工程预算

主　编　边喜龙

主　审　阮　文　张景成

哈尔滨工业大学出版社
哈　尔　滨

内 容 简 介

本书内容包括工程建设程序、建设工程预算、建设工程定额、工程预算编制、建设工程工程量清单计价五部分。书中详细介绍了市政给水排水工程、建筑给水排水工程、采暖工程招投标和预算的基本概念、基本知识及预算编制方法,以及建设工程工程量清单计价的编制方法。

本书可作为高等院校给水排水、环境工程、采暖通风专业的本、专科学生教材,也可以作为从事相关专业的工程技术人员的参考书。

图书在版编目(CIP)数据

给水排水与采暖工程预算/边喜龙主编.—哈尔滨:哈尔滨工业大学出版社,2005.5(2008.12重印)

(市政与环境工程系列丛书)

ISBN 7 - 5603 - 2150 - X

Ⅰ.给… Ⅱ.边… Ⅲ.①给水工程:市政工程 – 建筑预算定额②排水工程:市政工程 – 建筑预算定额③采暖 – 市政工程 – 建筑预算定额 Ⅳ.TU99

中国版本图书馆 CIP 数据核字(2005)第 033684 号

出版发行	哈尔滨工业大学出版社
社　　址	哈尔滨市南岗区复华四道街 10 号　邮编 150006
传　　真	0451 - 86414749
印　　刷	黑龙江省教育厅印刷厂
开　　本	787×960　1/16　印张 13.75　字数 300 千字
版　　次	2005 年 5 月第 1 版　2008 年 12 月第 2 次印刷
书　　号	ISBN 7-5603-2150-X/TU·51
定　　价	18.00 元

前　言

多年来,工程预算一直是确定工程造价、工程建设招投标编制招标标底和投标报价的主要方法。随着我国建筑市场的快速发展,招标投标制、合同制的逐步推行及与国际接轨,工程造价计价改革的不断深化,推行了工程量清单计价。

为了满足教学及工程技术人员的需要,使教学与工程实际紧密结合,编者在总结了多年来的教学和工程实践的基础上,借鉴了大量的工程经验,编写了本书,可作为大学本、专科学生教材,也可供有关工程技术人员参考。

本书由边喜龙、邢会义、黄跃华、陶竹君编写。编写分工为:边喜龙编写第一章、第四章,黄跃华编写第二章,邢会义、陶竹君编写第三章,边喜龙、黄跃华编写第五章,边喜龙编写附录。全书由边喜龙主编,阮文、张景成主审。

由于作者知识水平有限,难免存在疏漏及不妥之处,敬请广大读者批评指正。

编　者

2005.2

目 录

第一章　工程建设程序 ·· (1)
　第一节　基本(工程)建设 ·· (1)
　第二节　基本建设程序 ·· (5)
　第三节　工程建设项目的委托程序 ·· (10)
　第四节　建设工程招标与投标 ·· (15)
第二章　建设工程预算 ·· (34)
　第一节　建设工程预算的种类 ·· (34)
　第二节　建设工程总费用 ·· (35)
　第三节　建筑安装工程费用及其计算 ·· (40)
第三章　建设工程定额 ·· (48)
　第一节　工程定额的概念、性质及分类 ·· (48)
　第二节　施工定额 ·· (49)
　第三节　预算定额 ·· (52)
　第四节　建筑安装工程工期定额 ·· (58)
第四章　工程预算编制 ·· (60)
　第一节　施工图预算编制 ·· (60)
　第二节　工程量计算规则 ·· (67)
　第三节　施工预算 ·· (76)
　第四节　竣工决算 ·· (81)
　第五节　施工图预算编制实例 ·· (82)
第五章　建设工程工程量清单计价 ·· (127)
　第一节　工程量清单计价概述 ·· (127)
　第二节　《建设工程工程量清单计价规范》简介 ································ (129)

第三节 工程量清单编制 …………………………………………… (131)
第四节 工程量清单计价 …………………………………………… (151)
第五节 工程量清单计价编制实例 ………………………………… (160)
附录一 铸铁管和钢管刷油与绝热工程量表 …………………………… (204)
附录二 排水铸铁承插管管件及其组合体尺寸 ………………………… (207)
附录三 排水塑料管管件尺寸 …………………………………………… (210)
参考文献 ……………………………………………………………………… (212)

第一章 工程建设程序

第一节 基本(工程)建设

一、基本建设

基本建设,是指固定资产的建造、购置和安装的活动以及与此相关的工作,也称为工程建设程序。一般来讲,就是国民经济各部门中固定资产的增添或扩大再生产。如建设工厂、矿井、铁路、水库、住宅、医院、学校、水厂、输配水管道、污水处理厂、排水管道、道路、桥梁等。购置船舶、机车、拖拉机、水泵、电机、变压器、机床、汽车等设备虽不进行土木建筑工作,但因增添了固定资产,所以也是基本建设。至于固定资产的各种修理工作,它只能恢复已有固定资产的使用价值,而不能增添新的固定资产,所以就不是基本建设。另外,其他的基本建设工作,如为基本建设服务的科学研究工作、建设单位管理工作、设计勘察工作、工人培训工作、生产试车工作等,看来虽不是固定资产,但它是与增添固定资产直接相关的工作,所以也属于基本建设。

所谓固定资产是指在物质生产过程中,作为劳动手段,可供长期使用,并在使用过程中始终保持原来实物形态不变,为生产和人民生活服务的物质资料。按照我国的规定,固定资产必须同时具备以下两个条件:① 使用年限一年以上。② 单位价值方面,行政、事业单位在 20 元或 50 元以上;企业单位在 200 元或 500 元以上(具体要求由有关部门规定)。完成基本投资的手段也称为基本建设,以一个工厂、企业各种工程、各种社会设施、各种城市基础设施为单位的基本建设,称为基本建设项目,又称为建设项目。基本建设是一项涉及面很广,具有严密的科学性和实践性的工作。基本建设应按最优选择的原则,遵循一定程序进行,确保工程质量,降低工程成本,加快建设速度,改善建设者的工作条件和生活条件。

二、基本建设的分类

基本建设根据其性质可分为新建、扩建、改建、重建,其划分的原则是:

(1)新建

新建是指平地起家,新开始建设的项目或者建设项目在原有基础上,经扩建后,新增固定资产的价值在原有的 3 倍以上的建设项目。

(2) 扩建

扩建是指对原有企业或事业单位进行扩充,因而增加设计能力或扩大规模的建设项目。

(3) 改建

改建是指新建、扩建以外的现有企业或事业单位,不增加设计能力或不扩大规模的建设项目。

(4) 重建

重建是指因自然灾害或战争等原因,使原有固定资产全部或部分报废的企业或事业单位,仍按其原有规模重新恢复的建设项目。

基本建设按其经济用途可以分为生产性建设和非生产性建设两大类。生产性建设增加的固定资产形成新的生产能力,如厂房、机器设备、输电线路、矿井油田、交通运输等,服务于物质资料的生产;非生产性建设增加的固定资产形成新的使用效益,如学校、科研、医院、旅游事业等,用于提高人民物质文化生活水平。

三、基本建设任务的确定

我国实行基本建设集中管理的政策。国家计划部门根据发展国民经济的总体方针,重新明确建设项目,确定各建设项目先后建设的顺序,如图 1.1 所示。

不论建设项目的投资来源如何,都要考虑到建设需要的劳动力和材料、资料供应的可行性,国家对各类拟建项目都要进行审批,确定建设项目是否成立。对于国内投资或国内部分投资项目,为保证国家财政收支平衡,国家要进行认真审批。根据情况和计划执行结果,随时调整建设计划,重新明确建设项目,注意对经济发展中出现的薄弱环节的加强和对盲目立项工程项目的抑制。

在确定每一行业内部的建设项目时,也应根据有计划、按比例的发展原则,安排建设顺序,提高投资效益。例如:电力工业的锅炉厂、汽轮机厂、电机厂等,应该成套进行建设;纺织服装工业,应该使棉纺织厂、毛纺织厂、丝织厂、合成纤维厂、印染厂、服装制造厂和其他纺织成品制造厂有比例地进行建设。

在确定工程建设项目之前,应进行必要的可行性研究,注意工业的布局,产品销售的预测评估,建设地区原材料、能源、水源、运输条件等,确定投资的可行性。

由于环境污染的严重性,在进行基本项目的可行性论证时,尤其要在传统的论证程序中注意建设项目对环境造成的影响。有时建设项目应以环境的影响作为一项独立的论证,称基本建设的环境质量影响评价。

基本建设项目立项的可行性研究是概略的,但必不可少。同样,这个阶段的环境质量影响评价又称为环境质量初评价。根据可行性程度,初步对建设项目内容、产品、工艺、规模、标准、污染控制措施、建设期限、初选建设地点等做出决策。社会主义经济建设的各项政策,例如投资效益、产业结构规模、远近结构规模、远近期结合、对地方社会经济的发展,

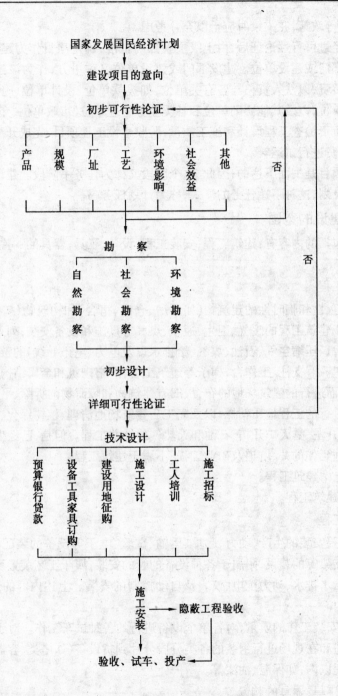

图 1.1　建设项目建设的顺序

以及民族、国防等政策,在决策时应予以充分考虑。

建设项目经过可行性论证后,由上级主管部门批准,确定项目作为建设任务,以书面方式通知建设部门或建设单位。建设部门或建设单位又称甲方,作为该建设项目的主持人对建设项目负责,以法人资格与各有关单位,如拨款单位、设计单位、施工与安装单位、设备材料供应单位,以及其他协助单位和各类业务管理单位(市政单位、交通单位……)联系。建设单位负责检查工程设计和施工质量,验收建设工程项目,完成开工生产前的一切准备工作,并负责进行试运转。

由于建设项目是书面下达的,因此,这个阶段又称为任务书阶段。建设任务列入国家或地方的建设计划,这种下达任务的形式,称为计划任务书。

四、基本建设的范围

基本建设包括的内容有:建筑工程,安装工程,设备、工具、器具的购置,其他基本建设工作。

(一)建筑工程

(1)各种永久性和临时性的建筑物(如厂房、仓库、宿舍)和构筑物(矿井、桥梁、铁路、公路等);附属于建筑工程的暖气、卫生、通风、煤气等设施和设备安装;列入建筑工程中的各种管道(如蒸汽、压缩空气、石油、煤气、给排水以及电力、电讯导线)的敷设工程。

(2)设备的基础、支柱、工作台、梯子等建筑工程,炉窑砌筑和金属结构工程。

(3)为施工而进行的建筑场地的布置、旧有建筑物和障碍物的拆除、平整土地、设计中规定为施工而进行的工程地质钻探,以及完工后建筑场地清理、植树绿化、排洪疏浚等。

(4)新矿井开凿、露天矿开拓、石油和天然气的钻井工程。但是,已经生产的矿山和使用生产费用整理延伸的井、坑道及矿业工程,不属于建筑工程。

(5)水利、电站建筑工程。

(6)防空等建筑工程。

(二)安装工程

(1)各种需要安装的生产、动力、起重、运输、试验、电子等设备的装配;与设备相连的工作台、梯子、支架等的装设;附属于各种设备的管的安装;属于工艺装置系统内的各种工艺管道、空调、给水排水、动力配电、仪表及自动控制的安装。上述内容的绝缘、保温也列入安装工程以内。

(2)为测定安装工作的质量,对各单个设备进行的各种试车工作。对于在现场进行的非标准设备制造和在现场进行组装的各类分段分片到货设备(如塔类、容器、罐、球罐)等,也列入安装工程以内,如保温、油漆等。

(三)设备、工具、器具的购置

设备可分为需要安装设备和不需要安装设备两种。

需要安装设备是指必须将其装配和安装在固定的基座或构筑物支架上方能使用的设备,如传动设备上的压缩机、搅拌器、泵等,静止设备中的各类塔、罐、槽、容器等。

不需要安装设备是指不必固定在一定地点或支架上就可以使用的设备,如运输车辆、移动的动力设备。

(四)其他基本建设

其他基本建设是指不属于以上各类的基本建设工作,如筹建机构、勘察设计、征用土地、人员培训、场地准备、联合试运行及新建厂购入生产或办公生活的器具、家具等。

五、基本建设在国民经济中的地位和作用

基本建设是国民经济中具有决定意义的物质生产部门,它在整个国民经济中占有十分重要的地位。固定资产是国家国民财富的主要组成部分,衡量一个国家经济实力是否雄厚,社会生产发展水平的高低,就是以拥有固定资产数量的多少和质量的优劣为准的。

(1)在社会主义社会,基本建设是扩大再生产、提高生产能力,促进国民经济发展的重要手段。

(2)基本建设是提高国民经济水平,实现工业、农业、国防和科学技术现代化的重要条件。

(3)基本建设是协调部门结构、建立合理部门结构的重要物质技术基础,是合理分布生产力的重要途径。

(4)基本建设为改善和提高人民物质文化生活水平创造物质条件。

第二节 基本建设程序

基本建设程序就是按照基建、施工、生产的特点及其内在的规律性,从计划、勘察、设计、验收等环节之间的顺序衔接做出具有法律效力性的规定。凡是确定的基本建设项目,事先必须进行可行性研究,然后提出设计任务书(计划任务书),报请上级审批,经批准后进行施工。施工完毕后必须经过竣工验收合格后交付建设单位使用,正式投产。为了加强基本建设的管理,坚持必要的基建程序是保证基建工程顺利进行的重要条件,所以必须认真按照基建程序办事,归纳起来,可分为以下几个阶段。

一、可行性研究阶段

基本建设项目的确定,都是根据国民经济发展中的长期计划和建设布局,提出拟建项目建议书,在任务下达前,必须进行初步可行性的研究,目的是要从各方面论证该项目是否适合。可行性研究阶段的内容有:生产规模是否合适;资源、能源是否可靠;生产工艺是否先进;技术上是否成熟;建设地的地理条件如何;产品销售的前景如何;经济效益和社会效益的预测;该项目的建设在技术上是否可能;经济上是否合理;对可行性研究进行分析,论证该项目的建设是否可行。如论证结果可行,按照项目隶属关系,由主管部门组织计划、设计等单位,编制计划任务书。

二、计划任务书阶段

计划任务书是确定基本建设项目、编制设计文件的主要依据,凡新建、扩建、改建的建设项目,都要根据国家发展国民经济的长远规划和建设布局以及初步可行性研究报告的要求,按照大、中、小类型的要求进行编制,计划任务书的编制内容不尽相同,但大中型项目一般包括以下内容:建设的目的及规模,产品方案或纲领,生产方法或工艺原则及产品经销;矿产资源、水文、地质和原材料、燃料、动力、供水运输等协作配合条件;资料的综合利用和"三废"治理的要求;建设地区或地点以及占用土地的估算;防空、抗震的要求;建设工期;投资控制额;劳动定员控制;要求达到的经济效益和技术水平。

改建的大中型建设项目计划任务书,还应包括原有固定资产的利用程度和现有生产潜力发挥的情况。

自筹基建大中型项目,还应注明资金、材料、设备来源并附有同级财政和物资部门签署的意见。

非工业大中型项目的计划任务书的内容,可以参考上述规定编制,小型项目内容可以简化。

计划任务书按隶属关系经上级批准后即可委托设计单位进行设计工作。

三、设计阶段

设计单位根据上级有关部门批准的计划任务文件进行设计工作。设计工作可分为3个阶段:初步设计、技术设计、施工图设计。

(一)初步设计

初步设计是根据计划任务书提出的内容和要求,通过概略的计算,做出初步的设计,主要是项目设计的指导思想、建设规模、产品方案或生产纲领、总体布置、工艺流程、设备选型、主要构筑物、公用辅助设施、"三废"治理、征借地数量、劳动定员、建设工期、主要技术经济指标、总概算、主要设备清单和材料数量等文字说明和图纸。初步设计对整个基本建设程序来说是至关重要的一环,因为初步设计按规定程序报请上级主管部门审批,经审查批准后,才能进行施工图设计,该建设项目才能列入年度建设计划,建设银行才能拨付工程款或贷款,主要设备才能申请订货和进行征地拆迁,以及三通一平等施工准备工作。

初步设计的内容包括:

(1)建设工程的说明。

(2)确定建设地点,说明勘察所提供的建设地区情况。

(3)工艺设计和其他可能的设计方案。

(4)建筑物或构筑物的建筑设计方案和结构设计方案。

(5)给水、排水设计方案。

(6)供暖、通风设计方案。
(7)能源和照明设计方案。
(8)其他土建设计方案。
(9)污染预防和治理方案。
(10)全厂总工期。
(11)工程总工期。
(12)工程概算表。

初步设计文件必须编制总概算,无设计总概算,上级主管单位不予审批。经审查批准的初步设计总概算,是该建设项目的投资控制限额,未经建设项目审批单位的批准,不得突破和修改。

(二)技术设计

技术设计是根据初步设计和更详细的调查研究资料编制的,进一步具体地确定初步设计采用的工艺流程和构筑物。校正设备的型号与数量,调整技术经济指标,修正总概算。技术设计的主要内容包括:

(1)确定工艺技术方案,选定主要生产设备和装置的型号、规格、数量。
(2)确定建筑结构、给水排水、采暖通风、电力照明、交通运输、环境保护和其他公用工程的方案和主要技术数据。
(3)编制工程预算,确定配套工程项目、规模和要求建成的期限等。

技术设计的深度,应满足据此编出建设所需的材料、构件、设备、劳动力、施工机械的数量。技术设计是施工组织总设计的基础资料之一。技术设计也是预订设备、征购建设用地、银行拨款等一系列开工前工作的依据。

大中型建设项目,一般采用两阶段设计,重大项目和特殊项目,可根据各个行业的特点,经主管部门的指定,增加技术设计阶段。

(三)施工图设计

施工图设计是在初步设计或技术设计的基础上,将设计的工程深化,详尽程度应能满足工程施工和制造的需要。建筑物与构筑物应有平面图、剖面图、局部详图、钢筋表、安装施工详图、非标设备加工详图、设备和各类材料明细表。施工图设计必须编制施工图预算,施工图预算不得超过已批准的初步设计概算。

四、施工准备阶段和组织施工阶段

(一)施工准备阶段

为了保证建设工程顺利的施工,基本建设的有关方面应进行施工前必要的技术准备工作。

建设部门在工程开工前应完成的准备工作主要有:建设用地的永久性或临时性征购,

征购地点的地上或地下建筑物妥善拆迁或赔偿,有时,如管道工程施工后地面可恢复原状,所有临时拆迁可迁回原地。

解决国家计划性材料和地方性材料的供应,定购各种生产用的设备、机器、仪表。

建立基本建设管理机构,主持与各方面的协作关系,确定质量检查与期中验收的组织、经办银行贷款等。

建设部门同时还应为生产做好准备工作,如培训工人、制定工艺规格和产品质量标准,准备生产的原料、能源供应等。

设计部门在工程开工前应提交全部施工图纸,并对施工部门从设计原则直至细部做法的所有问题交底。

施工部门在工程开工前应熟悉设计图纸,在施工现场进行测量放线;完成现场的永久性或临时性的道路、供水、排水、供电和其他能源等设施;按设计图纸平整场地;建立各种辅助生产设施,如预制构件场、混凝土搅拌站、木工场、管道加工场、钢铁加工场、仓库等;建立施工人员办公和生活用房;按施工进度计划,组织首批工人进入现场;组织施工机具、材料等进入现场并储存。

施工准备工作还应该包括编制施工组织总设计和单位工程施工组织设计,以及编制施工图预算等。

(二)组织施工阶段

建设单位采用施工招标或其他形式落实施工单位进行施工。在展开全面施工过程中,要严格按照施工规范和操作规程施工,加强经济核算和技术管理,确保工程质量,在保证生产安全的基础上,做到高质量、高速度、高工效、低成本。

五、竣工验收交付使用阶段

(一)竣工验收的作用

建设项目建成后,竣工验收、交付生产使用是建筑安装施工的最后阶段,也是建筑商品交货验收阶段。竣工验收的主要作用是:

(1)通过验收,检验设计和工程质量,及时发现和解决影响正常生产的问题,保证项目按设计要求正常生产。

(2)有关部门和单位可总结经验教训,进行必要的奖惩。

(3)建设单位对经验收合格的项目移交固定资产,由基建系统转入生产系统,交付生产使用。

(二)竣工验收的程序

竣工验收的程序,一般分两步进行。

1.单项验收

一个单项工程或一个车间完工后,就可由建设单位(或生产单位)组织验收。

2. 全部验收

整个建设项目全部建成后，则必须根据国家有关规定，按照工程不同情况，由负责验收的部门组织建设单位、施工单位、设计单位、建设银行、环保单位和其他有关部门组成验收委员会(或工作组)进行工程验收。大型联合企业因建设工期长，可以分批分期组织验收。如果生产产品所必需的工程和设备尚未配套成功，不能形成生产能力，无法保证正常生产，就不能办理建设项目的验收和移交手续。同样，非工业项目在符合设计要求、能够正常使用时，就要组织验收，不得迟迟不收尾，不报验收，企图长期"吃基建饭"者，国家不允许其再列入基本建设，其一切费用不得从基本建设投资中支付。

在办理验收的同时，建设单位对于建设结余的财产和物资，必须认真清理上交，并及时编制竣工决算，分析概预算情况，考核基本建设投资效果。

验收合格经签发验收证书后，才能交付生产使用，未经验收的竣工工程，不得投产使用。

简单地说，基本建设程序就是：提出项目建议书→可行性研究→计划任务书(经上级单位批准后才能委托设计)→初步设计(经批准后才能进行技术和施工图设计)→技术设计或施工图设计→组织施工→竣工验收(未经验收合格的工程，不能交付使用)→交付生产使用。如图1.2所示。

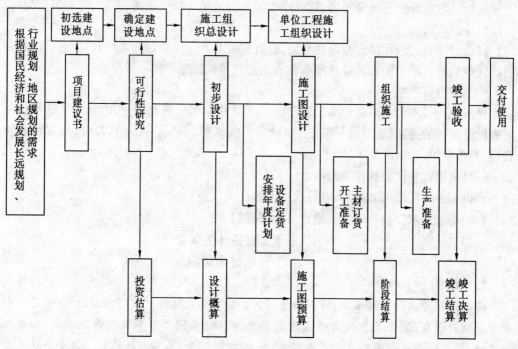

图1.2 基本建设程序

第三节　工程建设项目的委托程序

一、编制设计任务书

(一)设计任务书的内容

设计任务书是确定基本建设项目,编制设计文件的主要依据。设计任务书可由主管部门组织设计单位编制,也可由有能力的建设单位自行编制。

设计任务书内容应包括:建设项目、建设规模、建设依据、建设条件、建设地点、占地面积、给水工艺、建设工期、投资总额、主要材料、设备、经济效益、社会效益等。

1. 建设目的和依据

主要说明该建设项目的必要性和该项工程在人民生活和社会发展中的地位、作用,并提出该项目所依据的主要文件。

2. 建设规模

建设项目发展规划,以近期为主,并适当考虑远期发展,确定基本建设的建设规模。

3. 建设条件

包括基本建设项目的量和质、建设地点的水文地质、供电、交通、占地、排水等情况。

4. 建设项目

对建设项目的选择提出倾向性意见,它直接关系到建设项目的组成和工程投资,并说明所确定的建设项目的工艺流程及所选用的构筑物的数量和规格情况。

5. 工程投资总额

根据现行技术经济额和估算的建设项目所需的全部投资费用,作为列入计划和编制工程设计概算的控制数。同时要说明建设资金的来源,例如国家预算投资、地方预算投资、自筹投资等。

6. 经济效益和社会效益的初步估计

建设项目建成后,当地经济效益及可得的社会效益。

(二)小型给水工程建设项目设计任务书样例

某小区给水工程设计任务书

编制单位:×××

1. 建设目的和依据

某小区位于某江下游南岸,有人口2.5万(其中工业人口1万,农业人口1.5万),每年农业总产值9 500万元。过去的生活及生产用水都采用手压井取浅层地下水,由于水质不好,对人民身体健康已造成严重影响,据1998年调查,患有水性病的人占全小区人口的2.1%。根据有关文件,为改善人民生活条件,保障人民身体健康,特提出建设该小区给水工程。

2.地点和建设条件

经某规划设计院踏勘,初选推荐采用某江作为水源,在该小区上游建厂,经多次技术经济论证,所推荐的水源及厂址是适宜的。

(1)该水源充沛,补给来源及排泄条件良好,水质符合饮用水水质标准,建厂地点靠近小区,便于就近取水和供水,同时也符合规划发展。

(2)建设地点邻近公路、电厂,周围为一般农田,有足够的建设面积,并且工程地质条件良好。

(3)厂址邻近江边,便于水厂自用水的排放。

3.建设规模

水厂近期工程规模为 3 000 m³/d,并预留扩建 6 000 m³/d 的余地。

4.给水工艺

给水处理工艺流程为:投加混凝剂硫酸铝,水泵混合,回流隔板反应池,斜管沉淀池沉淀,普通快滤池过滤,液氯消毒。设计 60 m³ 反应池 2 座,40 m³/h 和 100 m³/h 普通快滤池 2 座,500 m³/h 清水池 1 座,二级泵站 1 座,DN300 mm 的输水管长 15 km。

5.建设工期及投资

建设工期于 1997 年正式破土动工,当年竣工投产。近期建 3 000 m³/d,投资 300 万元,由国家预算内安排 50%,其余由该区自筹资金解决。

6.经济效益及社会效益初步分析

工程竣工后,预计该区工农业产值可增加 25%;同时可改善镇内 2 万人的饮用水条件,减少疾病和地方病的发生,具有较好的社会效益。

附件

(1)某江水位、水量长年观测报告(县水文站提供)。

(2)某江水质调查报告(县政府提供)。

(3)该地区现状调查报告(县政府提供)。

(4)用水量调查报告(县建委城建科提供)。

二、委托设计及签订合同

(一)委托设计及签订合同

设计任务书批复后,由建设单位与设计单位协商,签订设计委托合同。设计委托合同内容一般包括以下条款:

(1)建设项目名称、建设地点、建设规模和所需投资。

(2)设计任务的范围、内容和质量要求。

(3)设计阶段、进度的提供,设计文件的份数。

(4)合同双方彼此应提供资料的内容、技术要求及期限。

(5)设计取费的依据、标准及拨付办法。

(6)双方应尽义务及违约责任等。

合同签订后,任何一方违反合同都应承担经济责任。建设单位不能按期提供资料或提供资料不准确,设计单位可推迟交付设计,增收或重收设计费用。因设计单位的责任事故而造成损失,建设单位可酌情少付,直至免付设计费。

(二)设计合同样例

某小区给水工程设计委托合同

某区政府(以下简称甲方)将该×××小区给水工程设计委托给某规划设计院(以下简称乙方),双方协商后签订合同如下:

1. 工程名称

×××小区给水工程。

2. 建设规模

近期3 000 m^3/d,远期发展到6 000 m^3/d。

3. 投资额

按近期工程投资估算300万元。

4. 建设地点

×××江上游。

5. 甲方应提供资料内容、技术要求及期限

(1)于2003年2月5日前,把双方协议好的设计基础资料提供给乙方(具体项目详见资料表)。

(2)江水经全面处理后达到《国家生活饮用水卫生标准》要求。

6. 乙方设计范围、进度和提交文件份数

(1)取水、净水、输配水工程各专业的初步设计与施工图设计。

(2)合同生效后的3个月内提出初步设计;初步设计审查批复后10天,乙方提交主要设备材料单;4个月后乙方提交全部施工图纸和设计文件。

(3)乙方提交初步设计图纸文5套,施工设计图纸文8套。

7. 设计取费依据、收费标准及拨付方法

(1)设计取费依据。2000年国家计委颁发的《工程设计费标准》,按工程投资设计预算总额的2.5%计取。

(2)设计费拨付方法。本合同生效时,甲方预付乙方设计费的20%作为定金;乙方向甲方提交初步设计时,甲方付给乙方设计费的30%;乙方向甲方提交全部施工图纸和文件时,甲方将付给乙方剩余全部设计费。

8. 双方责任

甲方：
(1)向乙方提供开展设计工作所需的有关基础资料,并对提供的时间、进度与资料的可靠性负责。
(2)设计人员进入现场设计或配合施工时,应提供必要的工作和生活条件。
乙方：
(1)根据甲方提供的规模和技术要求进行设计,并按合同规定的质量提交设计文件。
(2)到现场进行技术交底和配合施工解决施工过程中有关的技术问题,负责设计变更和修改预算,参加试车和竣工验收。
9.甲、乙双方违反合同规定造成的损失应承担的违约责任,按国家颁发的条例执行

甲　　方：×××政府　　　　　乙　　方：×××省规划设计院
政府代表：　　　　　　　　　　法人代表：
项目负责人：　　　　　　　　　设计代表：
签订日期：　　　　　　　　　　签订日期：

三、委托施工及签订合同

(一)施工合同的程序和原则

(1)建设单位和施工单位根据公开竞争文件,以及招标文件的内容和原则为依据签订施工承包合同。

(2)一个建设项目,由两个以上的施工单位共同施工时,可由建设单位将全部建筑安装工程由一个施工单位总承包,签订总合同。另外的施工单位再对总承包单位分包。

(3)合同双方应严格履行合同条件中的职责、权限,并积极创造条件,保证合同履约,再对分包单位分包。

(4)签订施工合同应具备如下条件:有批准的年度基建计划;资金来源落实;建筑材料、设备等物资来源落实,可满足施工进度要求;有完整的施工图纸。

(二)施工合同的主要内容

明确设计文件,基本建设计划的批准文号,规定承包工程内容、工程名称、工程量及工程施工地点。明确工程项目的施工期限,开工、竣工日期。明确工程质量要求,明确材料、设备等物资供应的分工。明确拨款和结算的方式,确定取费标准。关于设计变更的方式和说明。关于对工程合同的仲裁,其他需要明确的责任、权利、义务等条款。

(三)施工合同的样例

1.封面形式

施工合同

建设单位:×××小区给水工程筹建处(盖章)
负责人:(章)

施工单位：×××工程公司(章)

签订日期： 年 月 日

2.合同内容简要

总承包施工合同

某小区给水工程筹建处(以下简称甲方)与某工程公司(以下简称乙方)为共同完成省计字103号文件下达的给水工程计划,签订合同条款如下:

1. 工程名称

某小区给水工程。

2. 工程地点

某省某县。

3. 工程范围

某小区给水工程全部内容,包括土建、工艺安装、设备安装、管道、电气、水暖等。

4. 工程造价拨款方式

本工程按中标报价105万元计算,依据工程进度付款形式。

5. 承包方式

本工程实行包工不包料。

6. 开竣工日期

本工程自2004年5月1日正式开工到2004年7月1日终止。除部分管道回填工程外,其余全部完工。

7. 甲方在开工前应做好如下工作

(1)工程建设区域内的土地征购,青苗处理工作。

(2)工程建设区域内地上地下原有管线、房屋等障碍物的清理工作。

(3)领取施工执照并负责向县地下水资源管理办公室办理开采地下水许可证(江河地面水要到航运和水利部门办理)。

(4)解决施工地区的施工用水、电源等。

(5)需提供水文、地质勘察资料1份,施工图8份。

8. 材料供应及价款结算办法

(1)本工程所需主要物质均由甲方负责供应,乙方根据施工图在开工前30天提出用料计划,经甲方复核后,负责供应到规定的地点。验收交换后,由乙方签署材料调拨清单,作为结算材料价款的依据。

(2)甲方供应材料价格的结算,均按调整后的综合价格结算。结算时扣除乙方材料保管费和加工费。

(3)本工程所需地方材料由乙方自行采购供应。

(4)供应的材料附有原厂证明,否则就地进行试验,试验应由供方负责,如一方对出厂证明有异议，就进行复检，如复检不合格，其复检费由供方负责，否则由另一方负责。

9. 工程质量及工程设计变更

（1）乙方施工必须坚持按施工图施工，工程质量必须符合设计图纸说明的要求，达到施工验收规范的验收标准。

（2）在施工过程中，乙方不得随意变更施工设计，如必要时，应取得设计单位同意，出具书面设计变更通知，经甲方认可后才能变更施工。

10. 工程竣工验收

（1）对于隐蔽工程，乙方应书面通知监理人员及甲方技术员到现场，按施工图和验收规范检查后方可进行下一道工序。双方在隐蔽工程验收单上签字，作为竣工验收的依据。

（2）要在工程竣工7日内进行验收，合格后签署验收证书。

11. 停工、窝工损失费用自理办法

由于甲方责任造成停工、窝工损失应由甲方负责，其计算方法以现场工人的平均日工资计算，并加上施工管理费和机械停滞费。由于气候、正常停水、停电或乙方责任造成的损失则由乙方负责，意外情况引起的停工、窝工损失由责任方负责。

注：本合同正本一式两份，甲、乙双方各一份；副本10份，建设银行3份，乙方7份。本合同自双方签字盖章之日起生效。

第四节 建设工程招标与投标

一、建设工程招标投标的意义

建设工程实行招标承包制，是工程建设管理体制改革的一项重要内容，对于促进承包双方加强经营管理，缩短建设工期，确保工程质量，降低工程造价，提高投资效益具有重要作用。国家、建设部要求各地区、各部门要努力创造条件，积极推行，并注意总结经验，使之不断完善。

二、建设工程招标投标

（一）工程招标投标的概念

招标投标是市场经济条件下进行大宗货物买卖、工程建设项目的发包与承包，以及服务项目的采购与提供时，所采用的一种交易方式。它的特点是：单一的买方设定包括功能、质量、期限、价格为主的标的，邀请若干卖方通过投标进行竞争，买方从中选择优胜者并与其达成交易协议，随后按合同实现标的。建筑产品也是商品，工程项目的建设以招标投标的方式选择实施单位，运用竞争机制来体现价值规律的科学管理模式。

工程招标，是指招标人用招标文件将委托的工作内容和要求告之有兴趣参与竞争的投标人，让他们按规定条件提出实施计划和价格，然后通过评审比较，选出信誉可靠、技术能力强、管理水平高、报价合理的可信赖的单位(设计单位、监理单位、施工单位、供货单位),以合同形式委托其完成。

工程投标,是指各投标人依据自身能力和管理水平,按照招标文件规定的统一要求递交投标文件,争取获得资格。属于要约和承诺特殊表现形式的招标与投标,是合同的形成过程,招标人与投标人签订明确双方权利义务的合同。招标投标是实现项目法人责任制的重要保障措施之一。

为了规范招标投标活动,保护国家利益、社会公共利益和招标投标活动当事人的合法权益,提高经济效益,保证项目质量,全国人大于1999年8月30日颁布了《中华人民共和国招标投标法》(以下简称《招标投标法》)。该法共有6章(分为总则,招标,投标,开标,评标和中标,法律责任及附则)68条,将招标与投标活动纳入法制管理的轨道。主要内容包括通行的招标投标程序;招标人和投标人应遵循的基本规则;违反任何法律规定应承担的后果责任等。《招标投标法》的基本宗旨是,招标和投标活动属于当事人在法律规定范围内自主进行的市场行为,但必须接受政府行政主管部门的监督。

施工企业经营建筑商品,必须先用一定方式进行。目前,我国建筑商品大多数通过承发包的方式进行经营。而这种方式,又往往利用招标投标和工程合同来建立供需双方的经济关系和权利、义务关系。

1. 招标承包制

招标承包制是指通过招标选定建筑工程承包单位的一种经营方式。一般是建设单位对拟建的某项建筑安装工程实行公开招标,若干个合乎招标资格的施工企业可自愿参加投标,然后由建设单位择优选择其中标价合理、工期短、能保证质量,有较好社会信誉的施工企业来承担该项建筑工程的施工任务,并与之订立合同,确定承发包关系。双方通过合同的约束,快速、高质、低造价地完成工程建设任务。

2. 招标承包制的性质与优点

(1)招标承包制的性质

招标承包制是建筑业和基本建设管理体制的重大改革,招标承包制的实施,使施工企业不再由上级行政主管部门分配施工任务,而必须面向社会、面向市场,通过竞争性投标获得每项施工任务,同时也必须一项一项地按合同和设计文件要求,保证按期完成施工任务,企业必须加强管理、确保质量、提高效率、降低成本,以获得维持企业自下而上和发展所必须的效益,并靠自己的实力赢得社会信誉。

所以,招标承包制是一种带有竞争性质的成交方式,它能在一定程度上解决投资者目标的优化问题。招标的目的和实质是通过施工企业之间的竞争,择优选择承包者。投标则是施工企业之间竞争的特有形式。

工业企业的竞争一般是通过它们的商品来实现的,而建筑市场上的建筑商品带有"定货加工"的性质,投资者作为买方,不是直接选择建筑商品,而是选择提供商品的施工企业。这种竞争的特点,迫使施工企业把信誉摆在重要的位置上。

(2)招标承包制的优点

招标承包制具有的优点是:有利于开展公平合理的竞争;有利于承发包双方加强经营管理;有利于缩短基本建设工期;有利于确保质量、降低工程造价。据有关资料显示,凡实行招标的建筑工程,造价平均降低了 6%~8%,简化了结算手续,提高了投资经济效益;有利于提高施工企业的技术水平和管理水平;调动各方积极性,增强了企业的责任感,提高了企业素质,杜绝了不正之风。

(二)招标投标

招标是工程建设单位优选建筑施工单位的活动;投标是建筑施工单位争取获得工程承建施工资格的活动。

1.招标方式

为了规范招标投标活动,保护国家利益和社会利益以及招标投标活动当事人的合法权益,《招标投标法》规定招标方式分为公开招标和邀请招标两类。只有不属于法律规定必须招标的项目才可以采用直接委托方式,如涉及国家安全、国家秘密、抢险救灾、利用扶贫资金以工代赈、需要使用农民工的特殊情况,以及低于国家规定必须招标标准的小型工程或较小的改扩建工程。

(1)公开招标

招标人通过报刊、网络或其他媒介等发布招标公告,凡具备符合相应招标条件的法人或其他组织不受地域和行业限制均可申请投标。公开招标的优点是,招标人可以在较广的范围内选择中标人,投标竞争激烈,有利于将工程项目的建设交给可靠的中标人实施并取得有竞争性的报价。但其难点是,由于申请投标人较多,一般要设置资格预审程序,而且评标的工作量较大,所需招标时间长、费用高。

(2)邀请招标

招标人向预先选择的若干具备承担招标项目能力、资信良好的特定法人或其他组织发出投标邀请函,将招标工程的概况、工作范围和实施条件等做出简要说明,请他们投标竞争。邀请对象的数目以 5~7 家为宜,但不应少于 3 家。被邀请人同意参加投标后,从招标人处获取招标文件,按规定要求进行投标报价。邀请招标的优点是,不需要发布招标公告和设置资格预审程序,节约招标费用和节省时间;由于对投标人以往的业绩和履约能力比较了解,减小了合同履行过程中承包方的风险。为了体现公平竞争和便于招标人选择综合能力最强的投标人中标,仍要求在投标书内报送表明投标人资质能力的有关证明材料,作为评标时的评审内容之一(通常称为资格后审)。邀请招标的缺点是,由于邀请范围较小、选择面窄,可能失去了某些在技术或报价上有竞争实力的潜在投标人,因此投标竞争的激烈程度相对较差。国务院发展计划部门确定的国家重点项目和省、自治区、直辖市人民政府确定的地方重点项目不适宜公开招标时,经国务院发展计划部门或省、自治区、直辖市人民政府批准可以进行邀请招标。

2.工程招标投标程序

(1)招标程序

招标是招标人选择中标人并与其签订合同的过程,而投标则是投标人力争获得实施合同的竞争过程,招标人和投标人均须遵循招标法律和法规的规定进行招标投标活动。按照招标人和投标人参与程序,可将招标过程概括划分成招标准备阶段、招标投标阶段和决标成交阶段。

招标准备阶段的工作由招标人单独完成,投标人不参与。主要工作包括以下几个方面。

1)工程报建。建设项目的立项文件获得批准后,招标人需向建设行政主管部门履行建设项目报建手续。只有报建申请批准后,才可以开始项目的建设。报建时应交验的文件资料包括:立项批准文件或年度投资计划;固定资产投资许可证;建设工程规划许可证和资金证明文件。

2)选择招标方式。根据工程特点和招标人的管理能力确定发包范围。

依据工程建设总进度计划确定项目建设过程中的招标次数和每次招标的工作内容,如监理招标、设计招标、施工招标、设备供应招标等。

按照每次招标前准备工作的完成情况,选择合同的计价方式。如施工招标时,已完成施工图设计的中小型工程,可采用总价合同;若为初步设计完成后的大型复杂工程,则应采用估计工程量单价合同。

依据工程项目的特点、招标前准备工作的完成情况、合同类型等因素的影响,最终确定招标方式。

3)申请招标。招标人向建设行政主管部门办理申请招标手续。申请招标文件应说明:招标工作范围;招标方式;计划工期;对投标人的资质要求;招标项目的前期准备工作的完成情况;自行招标还是委托代理招标等内容。

4)编制招标有关文件。招标准备阶段应编制好招标过程中可能涉及的有关文件,保证招标活动的正常进行。这些文件大致包括:招标广告、资格预审文件、招标文件、合同协议书,以及资格预审和评标的方法。

5)编制标底。标底系招标单位给招标工程制定的预期价格。它是招标工作的核心文件,是择优选择承包单位的重要依据。国家规定,标底在开标前必须严格保密,如有泄漏,对责任者要严肃处理,直至法律制裁。标底在批准的概算或工程量清单编制的标底价格以内,由招标单位确定,但必须经招标管理部门审查。

(2)招标阶段的主要工作内容

公开招标时,从发布招标公告开始,若为邀请招标,则从发出招标邀请函开始,到投标截止日期为止的期间称为招标投标阶段。在此阶段,招标人应做好招标的组织工作,投标人则按招标有关文件的规定程序和具体要求进行投标报价竞争。招标人应当合理确定投标人编制投标文件所需的时间,自开始编制招标文件到文件发出之日止,最短不得少于20天。

1) 发布招标公告。招标公告的作用是让潜在投标人获得招标信息,以便进行项目筛选,确定是否参与竞争。招标公告或投标邀请函的具体格式可由招标人自定,内容一般包括:招标单位名称;建设项目资金来源;工程项目概况;本次招标工作范围的简要介绍;购买资格预审文件的地点、时间和价格等有关事项。

2) 资格预审。

①资格预审的目的是对潜在投标人进行资格审查,主要考察该企业总体能力是否具备完成招标工作所要求的条件。公开招标时设置资格预审程序,一是保证参与投标的法人或其他组织在资质和能力等方面能够满足完成招标工作的要求;二是通过评审优选出综合实力较强的一批申请投标人,再请他们参加投标竞争,以减小评标的工作量。

②资格预审程序。

a. 招标人依据项目的特点编写资格预审文件,该文件分为资格预审须知和资格预审表两大部分。资格预审须知内容包括招标工程概况和工作范围介绍,对投标人的基本要求和指导投标人填写资格预审文件的有关说明。资格预审表列出对潜在投标人资质条件、实施能力、技术水平、商业信誉等方面需要了解的内容,以应答形式给出的调查文件。资格预审表开列的内容要完整,能全面反映潜在投标人承担项目的建设任务。

b. 资格预审表是以应答方式给出的调查文件。所有申请参加投标竞争的潜在投标人都可以购买资格预审文件,按要求填报后作为投标人的资格预审文件。投标单位申请书(资格审查内容)样式见表1.1。

c. 招标人依据工程项目特点和发包工作性质划分评审的几大方面,如资质条件、人员能力、设备和技术能力、财务状况、工程经验、企业信誉等,并分别给予不同权重。对其中的有关方面再细化评定内容和分项评分标准。通过对各投标人的评定和打分,确定各投标人的综合素质得分。

d. 参加投标单位,应按招标广告或通知规定的时间报送申请书,并附企业年终结算表或说明。其内容应包括:企业名称、地址、负责人姓名、开户银行及账号、企业所有制性质和隶属关系、营业执照和资质等级证书(复印件)、企业简历等。投标单位应按有关规定填写表格。

e. 预审合格的条件。首先投标人必须满足资格预审文件规定的一般资格条件和强制性条件,其次评定分必须在预先确定的最低分数线以上。目前采用的合格标准有两种方式:一种是限制合格者数量,以便减小评标的工作量(如5家),招标人按得分高低次序向预定数量的投标人发送邀请函并请他予以确认,如果某一家放弃投标则由下一家替补维护预定数量;另一种是不限制合格者的数量,凡满足80%以上分数的潜在投标人均视为合格,保证投票人的公平性和竞争性。后一种方式的缺点是,如果合格者数量较多时,增加评标的工作量。不论采用哪种方法,招标人都不得向他人透露有权参与竞争的潜在投标人的名称、人数以及与招标有关的其他情况。

表1.1 投标单位申请书

申请投标单位名称		企业性质		企业等级	
上级主管部门名称		负责人姓名			
职工人数			工人		土建人员
			技术人员		管道技术
			管理人员		电气技术
施工机械台数		挖土机	汽车吊		钻机
		推土机	混凝土搅拌机		卷扬机
		汽车	振捣机		
目前施工队伍分部	1#工地名称		人数	工程内容	施工时间
	2#工地名称		人数	工程内容	施工时间
	3#工地名称		人数	工程内容	施工时间
企业固定资产/万元		上一年完成产值/万元			上缴利税/万元
保证单位名称		企业性质			
负责人姓名		固定资产/万元			

③投标人必须满足的基本资格条件。资格预审须知中明确列出投标人必须满足的最基本条件,可分为一般资格条件和强制性条件两类。

a.一般资格条件的内容包括法人地位、资质等级、企业信誉、分包计划等具体要求,是潜在投标人应满足的最低标准。

b.强制性条件按招标项目是否对潜在投标人有特殊需求决定有无。普通工程项目一般承包人均可完成,可不设置强制性条件。对于大型复杂项目尤其是需要有专门技术、设备或经验的投标人才能完成,按照项目特点设定而不是针对外地区或外系统投标人,因此不违背《招标投标法》的有关规定。强制性条件一般以潜在投标人是否完成过与招标工程同类和同容量工程作为衡量标准。标准不应定得过高，否则会使合格投标人过少而影响竞争；也不应定得过低，否则可能让实际不具备能力的投标人获得合同，导致不能按预期目标完成，只要实施能力、工程经验与招标项目相符即可。

3)招标文件。招标文件是招标单位向投标单位介绍工程情况和招标的具体要求的综合性文件。招标人根据招标项目特点和需要编制招标文件，它是投标人编制投标文件和报价的依据，因此应当包括招标项目的技术要求、对投标人资格审查的标准(邀请招标的招标文件内需写明)、投标报价要求和评标标准等所有的实质性要求和条件，以及拟签订合同的主要条款。国家对招标项目的技术、标准有规定，应在招标文件中提出相应的要求。招标项目发标需要划分标准、有工期要求时，也需在招标文件中载明。招标文件一般包括以下内容。

①工程综合说明书，包括项目名称、地址、工程内容、承包方式、建设工期、工程质量检验标准、施工条件等。

②施工图纸和必要的技术资料。

③工程款的支付方式。

④实物工程量清单。

⑤材料供应方式及主要的技术资料、设备的订货情况。

⑥投标的起止日期和开标时间、地点。

⑦对工程的特殊要求及对投标企业的相应要求。

⑧合同主要条款。

⑨其他规定和要求。

招标文件由建设单位编制，也可委托设计单位或招标管理部门编制。招标文件一经发出，招标单位不得擅自改变。否则，应赔偿由此给投标单位造成的损失。

招标文件的样例如下。

关于某小区给水工程招标的通知

某小区给水工程设计经设计单位完成并经上级主管部门批准。施工前准备工作已基本就绪，现对该工程实行招标。

1.投标须知

凡标书有下列情况之一者按废标处理：

(1)标书未密封。

(2)标书未按招标文件要求填写，或填写字迹模糊，辨认不清。

(3)招标书未盖本企业和负责人的印章。

(4)标书中未有保证单位和负责人的印章。

(5)标书寄出时间超过投标截止日期(以邮戳为准)。

(6)标书一经发出后,不得以任何理由更改。

2. 投标内容

(1)技术经济指标。

(2)施工日期。

(3)施工队伍的技术力量水平(包括施工企业级别)。

(4)施工队伍的施工机械水平。

(5)投标单位目前施工力量的分布情况。

(6)投标单位过去承担类似工程的情况。

(7)材料来源及保证率。

(8)保证单位和负责人的基本情况。

3. 招标工程内容和要求

(1)工程名称为某小区给水工程。

(2)工程综合说明。某小区给水工程建设规模为 3 000 m^3/d,包括取水工程、净水工程、输配水工程、厂区平面布置和综合办公楼。工程建设地区位于某江南岸该区上游,该场区征地工作已完毕,已取得建设许可证。施工场区靠近国家公路,其场区内施工用水、用电已基本解决。

(3)招标工程内容。某小区给水工程全部工程(包括土建、管道、电气、水暖安装等工程)。

(4)材料供应方式。钢材、水泥、木材由建设单位概算定额如数拨给,不足部分及其他设备材料由投标单位负责。

(5)保证工程质量。全部工程要按国家规定的验收规范验收,其中取水、净水工程要达全优工程。

(6)2004 年 1 月 5 日开工,2004 年 10 月 5 日竣工。

(7)投标单位可于 2003 年 11 月 5~7 日在县政府招待所参加现场勘察及招标文件交底会议。

(8)标书于 2003 年 12 月 7 日前寄到(或派人送到)某小区给水项目办公室。

(9)开标日期于 2003 年 12 月 17 日。开标地点在镇给水办公室。

(10)投标单位可向该区给水办购买施工图纸一套。

4)现场考察。招标人在投标须知规定时间组织投标单位自费进行现场考察。设置此程序的目的,一方面让投标人了解工程项目的现场情况、自然条件、施工条件以及周围环境,以便于编制投标书;另一方面也是要求投标人通过自己的实地考察确定投标的原则和策略,避免合同履行过程中以不了解现场情况为理由推卸应承担的合同责任。

5)标前会议。投标人研究招标文件和现场考察后,会以书面形式提出某些质疑问题,招标人可以及时给予书面解答,也可以留待标前会议上解答。如果对某一投标人提出的问题给予书面解答时,所回答的问题必须发送给每一位投标人以保证招标的公开和公平,但不必说明问题的来源。回答函件作为招标文件的组成部分,如果书面解答的问题与招标文件中的规定不一致,以函件的解答为准。

标前会议是投标截止日期以前,按投标须知规定时间和地点召开的会议,又称交底会。标前会议上招标单位负责人除了介绍工程概况外,还可以对招标文件中的某些内容加以修改(必须经过招标投标管理机构核准)或予以补充说明,以及对招标人书面提出的问题和会议上提出的问题给予解答。会议结束后,招标人应将会议记录用书面通知的形式发给每一位投标人。补充文件作为招标文件的组成部分,具有同等的法律效力。《招标投标法》规定,招标人对已发出的招标文件进行必要的修改时,应在投标截止日期至少15天以前以书面形式发给所有投标人,以便于他们修改投标书。

(3)决标成交阶段的主要工作内容

从开标日到签订合同这一期间称为决标成交阶段,是对各投标书进行评审、比较,最终确定中标人的过程。

1)开标。公开招标和邀请招标均应举行会议,体现招标的公开、公正和公平原则。开标应当在招标文件确定的提交文件截止日期的同一时公开进行,开标地点应当为招标文件中预先确定的地点。所有投标人均应参加开标会议。并邀请项目有关主管部门、当地计划部门、经办银行等代表出席,招标投标机构派人监督开标活动。开标时,由投标人或其推选的代表检验投标文件的密封情况。确认无误后,如果有标底应首先公布,然后由工作人员当众拆封,宣读投标人名称、投标价格和投标文件的其他主要内容。所有在投标致函中提出的附加条件、补充说明、优惠条件、替代方案均应宣读。开标过程应当记录,并存档备查。开标后,任何投标人都不允许更改投标书的内容和报价,也不允许再增加优惠条件。如果招标文件中没有说明评标、定标的原则和方法,则在开标会议上予以说明,投标书经启封后不得再更改评标、定标办法。

2)评标。评标是对各投标书优劣的比较,以便最终确定中标人,由评委会负责评标工作。

① 评标委员会。评标委员会由招标人的代表和有关技术、经济等方面的专家组成,成员人数为5人以上单数,其中招标人以外的专家不得少于成员总数的2/3。专家人员来自于国务院有关部门或省、自治区、直辖市政府有关部门提供的专家名册,或从招标代理机构的专家库中以随机抽取方式确定。与投标人有利害关系的人员不得进入评标委员会,已进入的应当更换,保证评标的公平和公正。

② 评标工作程序。小型工程由于承包工作内容较为简单、合同金额不大，可以采用即开、即评、即定的方式，由评标会议及时确定中标人。大型工程项目的评标因评审内容复杂、涉及面宽，通常需要分成初评和详评两个阶段进行。

a. 初评。评标委员会以招标文件为依据，审查各投标书是否响应投标，确定投标书的有效性。检查内容包括：投标人的资格、投标保证有效性、报送资料的完整性、投标书与招标文件的要求有无实质性背离、报价计算的正确性等。若投标书存在计算可统计错误，由评标委员会予以改正后请投标人签字确认。投标人拒绝确认，按投标人违约对待，没收其投标保证。修改报价错误的原则是阿拉伯数字表示的金额与文字大写金额不一致，以文字表示的金额为准；单价与数量的乘积之和与总价不一致，以单价计算值为准；副本与正本不一致，以正本为准。

b. 详评。评标委员会对各投标书实施方案和计划进行实质评价与比较。评标时不应再采用招标文件中要求投标人考虑因素以外任何条件作为标准。设有标底的，评标时应参考标底。

详评通常分为两个步骤进行。首先对各投标书进行技术商务方面的审查，评定其合理性，以及若将合同授予该投标人在履行过程中可能给招标人带来的风险。评标委员会认为必要时，可以单独约请投标人对标书中含义不明确的内容做必要的澄清或说明，但澄清或说明不得超出投标文件的范围或改变投标文件的实质性内容。澄清内容也要整理成文字的优劣，并编写评标报告。由于工程项目的规模不同和工程类别不同，评审方法可以分为定性评审和定量评审两大类。对于标的额较小的中小型评标可以采用定性比较的专家评议法，评标委员会对各标书共同分项进行认真分析比较后，以协商和投票的方式确定候选中标人。这种方法评标过程简单，在较短的时间内即可完成，但科学性较差。大型工程应采用"综合评分法"或"评标价法"，对各投标书科学的量化比较。综合评分法是指将评审内容分类后分别赋予不同权重，评标委员会依据评分标准对各类内容细分的小项进行相应的打分，最后计算的累计分值反映投标人的综合水平，以得分最高的投标书为最优。评标价是指评审过程中以该标书的报价为基础，将报价以外需要评定的要素按预先规定的折算办法换算为货币价值，根据对招标人有利或不利的原则在投标报价上增加或减少一定金额，最终构成评标价格。因此"评标价"不是投标书的最优。定标签订合同时，仍以报价作为中标的合同价。

③ 评标报告。评标报告是评标委员会经过对投标书评审后向招标人提出的结论性报告，作为定标的主要依据。评标报告应包括评标情况说明；对各个合格投标书的评价；推荐合格的中标候选人等内容。如果评标委员会经过评审，认为所有投标都不符合招标文件的要求，可以否决所有投标。出现这种情况时，招标人应认真分析招标文件的有关要求以及招标过程，对招标工作范围可招标文件的有关内容做出实质性修改后重新进行招标。

3)定标。

① 定标程序。确定中标人之前,招标人不得与投标人就投标价格、投标方案等实质性内容进行谈判。招标人应该根据评标委员会提出的评标报告和推荐的中标候选人确定中标人,也可以授权评标委员会直接确定中标人。招标人向中标人发出中标通知书,同时将中标结果通知所有未中标的中标人并退还他们的投标保证金或保函。中标通知书对招标人和中标人具有法律效力,招标人改变中标结果或中标人拒绝签订合同均承担相应的法律责任。

中标通知书发出后30天内,双方应按照招标文件和投标文件订立书面合同,不得做实质性修改。招标人不得向中标人提出任何不合理要求作为订立合同的条件,双方也不得私下订立背离合同实质性内容的协议。

确定中标人后15天内,招标人应向有关行政监督部门提交招标情况的书面报告。

② 定标原则。《招标投标法》规定,中标人的投标应当符合下列条件之一:

a. 能够最大限度地满足招标文件中规定的各项综合评价标准。

b. 能够满足招标文件的实质性要求,并且经评审的投标价格最低,但是投标价格低于成本的除外。

第一种情况即指用综合评分法或评价法进行比较后,最佳标书的投标人应为中标人。

第二种情况适用于招标工作属于一般投标人均可完成的小型工程施工;采购通用的材料;购买技术指标固定、性能基本相同的定型生产的中小型制备等招标,对满足基本条件的投标书主要进行投标价格的比较。

4)签订工程合同。招标单位与中标单位双方,就招标中商定的条款,用具有法律效力的合同形式固定下来,以便双方共同遵守。合同一般应包括以下几项主要条款:

①工程名称和地点。

②工程范围和内容。

③开、竣工日期及中间交工工程开、竣工日期。

④工程质量保修及保修条件。

⑤工程价款。

⑥工程价款的支付、结算及交工验收办法。

⑦设计文件及概、预算和技术资料提供的日期。

⑧材料和设备的供应和进厂期限。

⑨双方相互协作事项。

⑩违约责任。

(4)投标程序

1)了解招标信息,选择投标对象。施工根据招标广告和招标通知,分析招标工程的条件,再根据自己的实力,选择投标工程。

2) 申请投标。按招标广告或通知的规定向招标单位提出投标申请,提交有关资料。

3) 接受招标单位的资格审查。

4) 审查合格的企业购买招标文件及有关资料。

5) 参加现场勘察,并就招标中的问题向招标单位提出质疑。

6) 熟悉招标文件,编制标书。

标书是投标单位用于投标的综合性技术经济文件。它是承包单位技术水平和管理水平的综合体现,也是招标单位选择承包单位的主要依据,中标的标书又是签订工程承包合同的基础。

标书内容包括:①标函的综合说明;②按招标文件的工程填写单项工程、单位工程造价和总造价;③计划开、竣工日期及日历施工天数;④工程质量达到的等级和保证质量与安全检查的主要措施;⑤施工技术、组织措施和工程形象进度;⑥主要工程的施工方法和选用的施工机械;⑦临时设施的占地数量和主要材料耗用量等。

编制标书是一件很复杂的工作,投标单位必须认真对待。在取得招标文件后,首先应仔细阅读全部内容,然后对现场进行实地勘察,向建设单位询问了解有关问题,把招标工程各方面情况了解清楚。在此基础上完整地填写标书。

标书一般由各地区投标管理部门规定统一格式,随招标文件发给投标单位。

7) 在规定的时间内,向建设单位报送标书。

8) 参加开标。

9) 等待评标、决标。

10) 中标单位与建设单位签订承包合同。

建设工程招投标是一项复杂而又细致的工作,招标投标的程序及相互关系可简要概括为图1.3。

(5) 投标报价

投标报价,即投标单位给投标工程制定价格。标价是标书的重要组成部分,它反映企业的经营水平,体现企业产品的个别价格。目前,标价通常用施工图预算或工程量清单讨价的方法计算,但不能像编制施工图预算那样,套用政府制定的统一定额、单价和取费标准,而是以企业的工程成本为依据,测算各项费用开支水平,并根据市场的竞争情况,在施工图预算的基础上浮动。

标价是一种竞争价格,随着社会主义商品经济的发展,定价方法也将随之变动,总的变动趋势是要符合价值规律的要求,国家只从宏观上控制,具体工程的报价主要还是由企业的成本和市场竞争程度而定。工程标价的高低,直接关系到企业能否中标和盈利,要尽量做到对外有一定竞争力,对内又能盈利。常采用的方法有以下几种。

1) 把握形势。在投标过程中要做到知己知彼,多方面搜集有关的情报信息,做好施工组织设计,合理确定施工方案;采用现代化的管理技术和先进的工艺设备;提高质量,降低

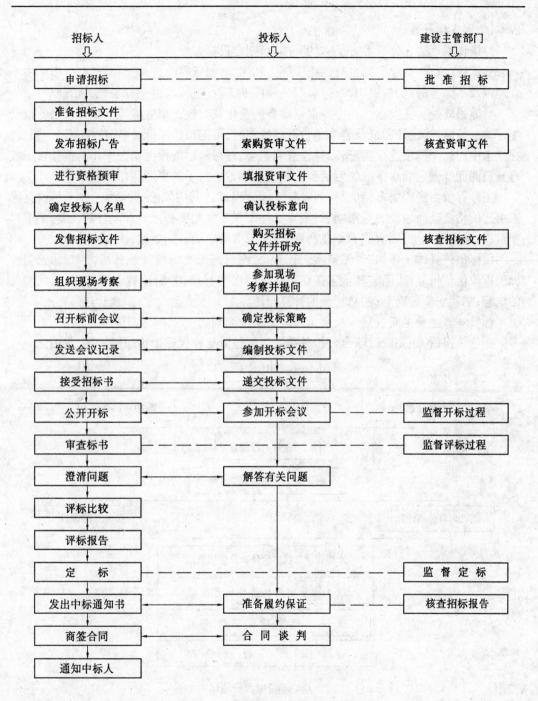

图 1.3 工程招标投标程序及相互关系

成本,争取投标获胜。

2)扬长避短。在分析各方优劣的基础上,制定投标方针。

3)掌握主动。企业根据自身的施工能力和优势,如依靠改进和完善设计,对图纸中不合理以及不完善的地方,提出改进建议,从而降低工程造价,取得招标单位的信任。

4)随机应变。在投标过程中要根据形势的变化及时提出相应措施。如可采用低报价签证追加策略,当设计图纸及合同条件漏洞较多时,可把报价压低一些,中标签订合同后,在施工中对每个漏项进行签证,以补偿获利机会。另外,还可根据情况采用为占领市场或打开局面而降低利润水平的先亏后盈法和为迷惑竞争对手的突然降价法。

工程标价由工程成本、利税和风险费3部分组成。其中风险费是为预防不可预见因素引起价格变动而增设的费用项目,当实际施工中发生此项费用时,即应摊入相应的成本项目;如果没有发生,则成为企业利润,或按双方商定的合同条款,由双方共享。

投标报价具体工作如下:①核实工程量;②编制施工组织设计或施工方案;③编制投标工程单位估价表;④确定其他直接费的收取范围和标准;⑤间接费率的测算;⑥风险费的估计;⑦利润率的确定;⑧总标价的计算与调整。

标价 = 直接费 + 间接费 + 税金 + 风险费 + 预期利润

标价算出后,还要进行综合分析并做适当调整。工程投标报价编制程序,见图1.4。

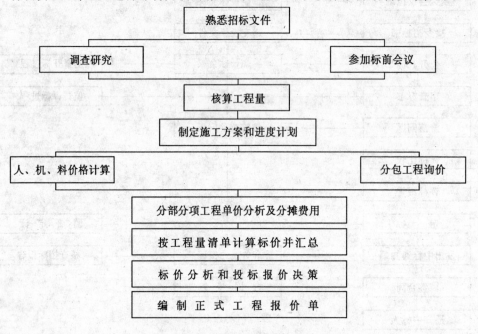

图1.4 工程投标报价编制程序

3. 违反《招标投标法》行为的法律责任

招标投标活动必须依法实施,任何违法行为都要承担相应的法律责任。《招标投标法》在"法律责任"一章中明确规定应承担违法责任情况如下。

(1) 招标人的责任

1) 必须进行招标的项目不招标,将项目化整为零或以其他任何方式规避招标的,责令限期改正,可处以项目合同金额5%以上10%以下的罚款;对全部或部分使用国有资金的项目,可以暂停执行或者暂停资金拨付;对单位直接负责的主管人员和其他直接责任人员依法给予处分。

2) 以不合理条件限制和排斥潜在投标人,对潜在投标人实行歧视性待遇,强制投标人组成联合体共同投标,或者限制投标人之间竞争的,责令改正。处以1万元以上5万元以下的罚款。

3) 向他人透露已获取招标文件潜在投标人的名称、数量或者可能影响公平竞争的有关其他情况,或者泄露标底的给予警告,可以并处1万元以上10万元以下的罚款;对单位直接负责的主管人员和其他直接责任人员依法给予处分;构成犯罪的,依法追究刑事责任。如果影响中标结果,中标无效。

4) 违反《招标投标法》规定的定标程序,与投标人就投标价格、投标方案等实质性内容进行谈判的给予警告,对单位直接负责的主管人员和其他直接责任人员依法给予处分。如果影响中标结果,中标无效。

5) 在评标委员会依法推荐的中标人员候选人之外确定中标人,依法必须进行招标的项目,在所有投标被评标委员会否决后自行确定中标人的,中标无效。责令改正,可以处中标项目金额5‰以上10‰以下的罚款。

(2) 投标人的责任

1) 投标人与招标人串通。投标人以向招标人或评标委员会成员行贿的手段谋取中标的,中标无效。处中标项目金额5‰以上10‰以下的罚款;对单位直接负责的主管人员和其他直接责任人员处单位罚款的数额5‰以上10‰以下的罚款;有违法所得的,并处没收违法所得;情节严重的,取消1年以上2年以内参加依法必须进行招标的项目的投标资格并予以公告,直至吊销营业执照;构成犯罪的,依法追究刑事责任。给他人造成损失的依法承担赔偿责任。

2) 以他人名义投标和以其他方式弄虚作假骗取中标的,中标无效。给招标人造成经济损失的,依法承担赔偿责任;构成犯罪的追究刑事责任。依法必须进行招标的项目的投标人有前款所列行为但未构成犯罪的,处中标项目金额5‰以上10‰以下的罚款,对单位直接负责的主管人员和其他直接责任人员处单位罚款数额5‰以上10‰以下的罚款;有违法所得的,并处没收违法所得;情节严重的,取消1~2年内参加依法必须进行招标项目的投标资格并予以公告,直接由工商行政管理机关吊销营业执照。

3)将中标项目转让他人,将中标项目肢解后分别转让他人;将中标项目的部分主体、关键性工作分包给他人,或分包人再次分包的,转让、分包无效,处转让、分包项目金额5‰以上10‰以下的罚款;有违法所得的,并处没收违法所得;可限令停业整顿;情节严重的,由工商行政管理机关吊销营业执照。

4)中标人不履行招标人订立的合同,履约保证金不予以退还,给招标人造成的损失超过履约保证金数额的,还应当对招标部分予以赔偿,没有提供履约保证金的,应当对招标人的损失承担赔偿责任。不按照与招标人订立的合同履行义务情节严重的,取消其2~5年内参加依法必须进行招标项目的投标资格并予以公告,直至由工商行政管理机关吊销营业执照。

(3)其他相关人的责任

1)招标代理机构泄露应当保密的招标活动有关情况和资料的,或者与招标人、投标人串通损坏国家利益、社会公共利益或其他人合法权益的,处以5万元以上25万元以下的罚款;没有违法所得的,对单位直接负责的主管人员或其他责任人员处单位罚款数额5‰以上10‰以下的罚款;有违法所得的,并处没收违法所得,情节严重的,暂停直至取消招标代理资格;构成犯罪的,依法追究刑事责任。如果影响中标结果,中标无效。

2)评标委员会成员接受投标人的财物或其他好处,评委或参加评标的有关工作人员向他人透露对招标文件的评审和比较、中标候选人的推荐,以及与评标有关的其他情况的,给予警告,没收接受的财物,可以并处3 000元以上5万元以下的罚款;对有上述违法行为的评标委员会成员取消担任评标委员的资格,不得再参加任何依法必须进行招标的项目评标;构成犯罪的,依法追究刑事责任。

3)任何单位违反《招标投标法》规定,限制或排斥本地区、本系统以外的法人或其他组织投标;为招标人指定招标代理机构;强制招标人委托招标代理机构办理招标事宜,或以其他方式干涉招标活动,对单位直接的主管人员和其他直接责任人员依法予以警告、记过、记大过的处分。情节严重的,依法给予降级、撤职、开除的处分。个人利用职权进行上述违法行为的,依照上述规定追究刑事责任。

4)对招标投标活动依法负有行政监督职责的国家机关工作人员徇私舞弊、滥用职权或玩忽职守,构成犯罪的,依法追究刑事责任;不构成犯罪的,依法给予行政处分。

总之,《招标投标法》第六十四条规定,依法必须进行招标的项目违反本法规定,中标无效,应当依据中标条件从其余投标人员中重新确定中标人或重新进行招标。

(三)政府行政主管部门对招标的监督

1.依法核查必须采用招标方式选择承包单位的建设项目

《招标投标法》规定,任何单位和个人不得将必须进行招标的项目化整为零或者以其他任何方式规避招标。如果发生此类情况,有权责令改正,可以暂停项目的进行或暂停资金拨付,并对单位负责人或其他直接责任人给予行政处分。《招标投标法》规定,实施工程项目建设包括项目的勘察、设计、施工、监理以及与工程建设有关的重要设备、材料等采购。必须进行招标的范畴包括：

1) 大型基础设施、公用设施等关系社会公共利益、公众安全的项目。
2) 全部或者部分使用国有资金投资或国家融资的项目。
3) 使用国际组织或者外国政府贷款、援助资金的项目。

具体实施办法细则还需遵从国务院有关部门制定的范围和规模标准执行。

2. 对招标项目的监督

工程项目的建设应当按照建设管理程序进行。招标项目按照国家有关规定需要履行项目审批手续的,应当先履行审批手续取得批准。当工程项目的准备情况满足招标条件时,招标单位应向建设行政主管部门提出申请。为了保证工程项目的建设符合国家或地方总体发展规划,以及招标后工作的顺利进行,因此不同标的招标均需要满足相应的条件。

(1) 前期准备应满足的要求

1) 建设工程已批准立项。
2) 向建设行政主管部门履行了报建手续,并取得批准。
3) 建设资金能满足建设工程的要求,符合规定的资金到位率。
4) 建设用地已依法取得,并领取了建设工程许可证。
5) 技术资料能满足招标投标的要求。
6) 法律、法规、规章规定的其他条件。

(2) 对招标人的招标能力要求

1) 是法人或依法成立的其他组织。
2) 有与招标工作相适应的经济、法律咨询和技术管理人员。
3) 有组织编制招标文件的能力。
4) 有审查投标单位资质的能力。
5) 有组织开标、评标、定标的能力。

利用招标方式选择承包单位属于招标单位自主的市场行为。因此,《招标投标法》规定,招标人具有编制招标文件和组织评标能力的,可以自行办理招标事宜。如果招标单位不具备上述 2)~5) 条要求,需委托具有相应资质中介机构代理招标。

(3) 招标代理机构的资质条件

招标代理机构是依法成立的组织,与行政机关和其他国家机关没有隶属关系,为了保证圆满地完成代理业务,必须取得建设行政主管部门的资质认定。招标代理机构应具备的基本条件包括:

1) 有从事招标代理业务的营业场所和相应资金。
2) 有能够编制招标文件和组织评标的相应专业力量。

3)有可以作为评标委员会成员人选的技术、经济等方面专家库。对"专家库"的要求包括以下几方面。

①专家人选。应是从事相关领域工作满 8 年并具有高级职称或具有同等专业水平的技术、经济等方面人员。

②专业范围,专家的专业特长应能涵盖本行业或专业招标所需各个方面。

③人员数量应能满足建立专家库的要求。

委托代理机构招标人的自主行为,任何单位和个人不得强制委托代理或指定招标代理机构,招标人委托的代理机构应尊重招标人的要求,在委托范围内办理招标事宜,并遵守招投标对招标人的有关规定。

3.对招标有关文件的核查备案

招标人有权依据工程项目特点编写招标有关各类文件,但内容不得违反法律范围的相关规定。建设行政主管部门核查的内容主要如下。

(1)对投标人资格审查文件的核查

1)不得以不合理条件限制或排斥潜在投标人,为了使招标人能在较广泛范围内优选最佳投标人,以及维护投标人进行平等竞争的合法权益,不允许在资格审查文件中以任何方式限制或排斥本地区、本系统以外的法人或其他组织参与投标。

2)不得对潜在投标人实行歧视待遇。为了维护招标投标的公平、公正原则,不允许在资格审查标准中针对外地区或外系统投标人设立压低分数的条件。

3)不得强制投标人组成联合体投标。以何种方式参与投标竞争是投标人的自主行为,他可以选择单独投标,也可以作为联合体成员与其他投标人共同投标,不允许既参加联合体又单独投标。

(2)对招标文件的核查

1)招标文件的组成是否包括招标项目的所有实质性要求和条件,以及拟签订合同的主要条款,能使投标人明确承包工作范围和责任,并能够合理预见风险编制投标文件。

2)招标项目需要划分标段时,承包工作范围的合同界限是否合理,承包工作范围可以是包括勘察、设计、施工、供货的一揽子交钥匙工程承包。施工招标的独立合同工作范围应是整个工程、单位工程或特殊专业施工内容,不允许肢解工程招标。

3)招标文件是否有限制公平竞争的条件。在文件中不得要求或标明特定的生产供应者以及含有倾向或排斥潜在投标人的其他内容。主要核查是否有针对外地区或外系统设立的不公平评标条件。

4.对开标、评标和定标活动的监督

建设行政主管部门派人员参加开标、评标、定标的活动,监督招标人按法定程序选择中标人。所派人员不作为评标委员会的成员,也不得以任何形式影响或干涉招标人依法选择中标人的活动。

5. 查处招标投标活动中的违法行为

《招标投标法》明确规定,有关行政监督部门有权依法对招标投标活动中的违法行为进行查处。视情节和对招标的影响程度,承担后果责任的形式可以分为:判定招标无效,责令改正后重新招标;对单位负责人或其他直接责任者给予行政或纪律处分;没收非法所得,并处以罚款,构成犯罪的,依法追究刑事责任。

思考题

1. 什么是基本建设?
2. 基本建设的种类与范围是什么?
3. 叙述基本建设程序的内容。
4. 叙述建设工程招标投标的概念与意义。
5. 叙述建设工程招标投标的程序和内容。

第二章 建设工程预算

第一节 建设工程预算的种类

一、建设工程预算的分类

建设工程预算是建设工程投资估算、设计概算、施工图预算、施工预算和工程决算的总称。根据建设工程不同的实施阶段和所起的作用不同,建设工程预算的种类也不同。

(一)投资估算

投资估算是编制项目建议书和可行性研究报告阶段编制的确定投资总额度的文件。它是根据工程估算指标和设备、材料预算价格及有关文件规定编制的。

建设项目总投资的费用项目,一般划分为:建筑安装工程费,设备、工器具购置费和其他各项费用。全部建设费用的总和是投资估算总额。

投资估算是国家审批建设项目投资总额的重要依据,按不同使用目的和决策要求,确定编制精度。

(二)设计概算

设计概算是扩大初步设计阶段,由设计单位根据设计图纸、概算定额、设备材料预算价格和有关文件规定,预先计算确定的建设项目全部建设费用的经济文件。

设计概算是确定和控制工程造价,编制固定资产投资计划,签订建设项目总包合同和贷款合同,实行建设项目投资包干的依据,也是考核设计方案和建设成本是否经济合理的依据。

(三)施工图预算

施工图预算是根据会审后的施工图纸、预算定额和有关费用标准计算确定的单位工程的建筑安装工程费用文件,是建设单位支付给施工单位的费用。

施工图预算是确定建设工程预算造价,签订工程施工合同,实行建设单位和施工单位造价包干和办理结算的依据,也是编制招标工程标底的依据。

(四)施工预算

施工预算是指施工阶段施工单位根据施工图纸、施工定额、施工组织设计及施工验收规范等编制的单位工程施工所需的人工、材料和机械台班消耗量及相应费用的经济文件。

施工预算是施工企业实行计划管理的依据,是施工企业加强经营管理、提高经济效益、降低工程成本的依据。

（五）工程结算与竣工决算

施工结算是施工企业根据工程合同的规定和施工进度，在完成某一分部分项工程后，按实际完成的工程量所编制的结算文件。是施工单位向建设单位办理工程结算的依据。一般有：定期结算、阶段结算和竣工结算。

竣工结算是指在建设项目或单项工程验收交付使用后，进行工程费用的最后核算，确定建设项目或单项工程的实际成本（造价）。

竣工决算是核定建设项目工程总造价及考核投资效果的依据，也是建设单位有关部门之间进行资产移交的依据。

工程结算和竣工决算的概念不同，使用阶段不同。

二、设计概算、施工图预算和竣工决算的关系

设计概算、施工图预算和竣工决算都是以价值形态，贯穿于整个工程建设过程中，简称为"三算"。所有建设项目，设计要编概算，施工要编预算，竣工要做结算和决算。国家计委颁发的《关于控制建设工程造价的若干规定》文件指出：当可行性研究报告一经批准后，其投资估算总额应作为工程造价的最高限额，不得任意突破，同时，要求决算不能超过预算，预算不能超过概算，概算不能超过投资估算。目前，"三超"造成投资失控现象依然是困扰工程建设的一个"老大难"问题。为了有效地控制建设工程投资，必须采取不断深化改革，加强工程建设全过程的管理等有效对策，逐步改变投资"三超"的失控现象。

第二节　建设工程总费用

一、建设工程总费用组成

建设工程总费用，又称建设工程总投资或总造价，是指建设项目从筹建到竣工交付使用所发生的全部建设费用的总和，编制建设项目的投资估算、设计概算和竣工决算，需要确定建设工程总费用。

建设工程总费用由固定资产投资和流动资产投资组成。

（一）固定资产投资

1.建筑安装工程费

建筑安装工程费，包括土建工程费和安装工程费。

(1)土建工程费

1)各种房屋(如厂房、仓库、宿舍)、构筑物的土建工程。

2)设备基础、支柱等建设工程，炼铁炉、炼焦炉等各种特殊炉的砌筑工程，建筑金属结构工程。

3)为施工而进行的建筑场地的布置,原有建筑物和障碍物的拆除,平整土地以及建筑场地完工后的清理和绿化工程等。

4)矿井的开凿、露天矿的开拓工程,石油和天然气的钻井工程(包括生产矿利用生产费用进行的矿井坑道的整理、延伸与探矿工程),铁路、公路、桥梁等工程。

5)水利工程。

6)防空地下建筑等特殊工程。

(2)安装工程费

安装工程费包括以下工程内容的费用。

1)生产、动力、起重、运输、传动和实验等各种需要安装的机械和工艺设备的装配、装置工程,与设备相连的工作台、梯子等的装设工程,以及附属于被安装设备的管线敷设工程(工艺管道工程),被安装设备的刷油、保温和防腐蚀工程。

2)建筑给排水、采暖、煤气、通风空调、电气安装、仪表、自控装置、工艺金属结构工程及其刷油、保温工程。

3)为测定安装工作质量,对单个设备进行的各种试车工作。

建筑安装工程费,在投资估算中按估算指标确定;在设计概算中按概算定额确定;在施工图预算以及间接费与其他费中用定额确定。

2. 设备及工器具购置费

(1)设备购置费

设备购置费是指生产、动力、起重、运输、传动和实验等各种设备购置费用(含自制设备),包括需要安装的设备,也包括不需要安装的设备。设备购置费在投资估算和概算中,一般采用设备出厂价格另加设备运杂和采购保管费计算。

(2)工器具购置费

工器具购置费是指生产用的切削工具(主要为车、铣、钻、搪、拉、刨、插等各种刀具,磨具、夹具、冷冲及热冲模具、模型硬模及压模、钳工及锻工工具;辅助工具、量具、各种工作台,柜、箱、架等费用)。新建项目为保证正常生产中所须购置的第一套不够固定资产标准的设备、仪器、工卡模具、器具、生产家具等均包括在总投资内。

工器具购置费在投资估算和概算中一般采用占设备投资的百分比指标计算。

3. 公共设施等有偿使用费

公共设施等有偿使用费,是指占用国家设施、资源的有偿使用费和经省政府批准的合理费用项目。其内容有:

(1)占道费

占道费是指因基建确需占用规定以内道路区域,并经市政工程部门批准后,按规定交纳的费用。

(2)占用绿地费

占用绿地费是指因基建确需占用绿地,并经市政工程管理部门批准后,按规定交纳的费用。

(3)排污费

排污费是指所有向市政排水设施排入污水的单位,按规定交纳的费用。

(4)建设期间土地使用税

建设期间土地使用税是指按国家规定,使用土地单位都应按章缴税。工程在建期间应按规定交纳土地使用税。

(5)地下水资源费

地下水资源费是指开发和利用地下水资源的单位,都应按开采量支付水资源费。

(6)中小学教师住宅建设费

中小学教师住宅建设费是指为缓解中小学教师住宅紧张,国家规定:"在城市住宅建设投资中提取2%的资金,作为中小学教师住宅建设费"。

4.城市建设配套费

工程建设增大了城市基础设施的负担,城市基础设施必须增容和配套,支付的费用有:

(1)上水配套费

上水配套费是指工程建设时,按规定上水应收取的配套费。

(2)排水配套费

排水配套费是指工程建设时,按规定排水应收取的配套费。

(3)新菜田开发建设基金

新菜田开发建设基金是指建设征(拨)用菜田,应按规定收缴新菜田开发基金费用。

(4)商业网点费

商业网点费是指工程建设时,按国家规定必须对商业网点建设做一定比例补充的建设费用,按国发(1979)244号文件规定办理。

(5)人防工程费

人防工程费是指工程建设时,按国家规定必须按一定比例建设人防工程的费用,按国家人防委有关文件执行。

(6)其他城市建设配套费

其他城市建设配套费是指按当地政府规定除上述配套费以外,交纳的其他城市建设配套费。

5.其他费用

工程建设其他费用,系根据有关规定应有工程建设投资中支付的,除上述费用以外的一些费用,其内容包括:

(1)土地使用费和迁移及安置补偿费

土地使用费(包括土地征用费和土地使用权出让金)和按国务院关于《国家建设征用地条例》规定应支付被征用土地上的房屋、水井、树木、青苗等附着物补偿费,以及搬迁的安置补助费。

(2)建设单位管理费

建设单位管理费是指建设单位进行建设项目筹建、建设、联合试运转、验收等工作所发生的管理费。

费用内容包括:工人工资、工资附加费、劳保支出、差旅费、办公费、工具用具使用费、固定资产使用费、劳动保护费、零星固定资产购置费、技术图书资料费、合同公证费等。

(3)勘察设计费

主要费用包括:

1)委托勘察设计单位进行勘察设计时应支付的费用。

2)本建设项目进行科研应支付的费用。

3)建设单位自行勘察设计所发生的费用。

(4)研究试验费

主要费用包括:

1)为建设项目提供和验证数据、资料进行必要的研究试验的费用。

2)按设计规定在施工过程中必须进行试验所需的费用。

3)为达到设计要求支付科技成果、先进技术的一次性技术转让费。

(5)供电贴费

供电贴费是指按国家规定,建设项目应支付的供电工程费、施工临时用电贴费。供电贴费是用户申请用电时,应承担的由供电部门统一规划并负责建设的 110 kV 以下各级电压外部供电工程的建设、扩充、改建等建设费用的总称。

(6)施工机构迁移费

施工机构迁移费是指施工机构根据建设任务的需要,经有关部门决定,由原驻地迁移到另一地区所发生的一次性搬迁费。费用内容包括:职工及家属的差路费,职工调迁期间的工资,施工机械、设备、工具和周转性材料的搬运费。

(7)引进技术和进口设备项目的其他费用

(8)工程监理费

工程监理费是指建设单位委托监理单位负责质量监督工作时,所支付的费用。

(9)工程承包费

工程承包费是指建设单位进行工程招投标时,支付招标代理机构的费用。

(10)联合试运转费

联合试运转费是指新建企业或新增加生产工艺的扩建企业,在竣工验收前,按设计规定的工程质量标准,进行整个系统负荷或无负荷联合试车所发生的费用。

(11)生产职工培训费

主要费用包括:

1)竣工验收前自行培训或委托其他单位培训技术人员、工人和管理人员所支付的费用。

2)生产单位与参加施工、设备安装、调试人员支出的费用。

(12)办公、生产家具购置费

办公、生产家具购置费是指为保证正常生产,使用和管理所必须购置的办公和生产家具、用具费用。

6. 预备费

预备费是指在投资估算和概算中,难以预料的工程费用。主要费用包括:

(1)在设计、施工过程中,在批准概算范围内所增加的工程费用。

(2)施工期间的设备、材料差价。

(3)施工期间由于国家政策性调整发生的费用。

(4)由于一般自然灾害所造成的损失和预防自然灾害所采取的措施费用。

(5)在上级主管部门组织验收时,鉴定工程质量所发生的费用。

7. 贷款利息和投资方向调节税

贷款利息和投资方向调节税是指建设单位向银行贷款所支付的利息和按国家税法规定交纳的投资方向调节税。

(二)流动资产投资

流动资产投资是指建设项目中流动资金的暂时投入,30%用于投产运行所需的流动资金,70%应在投产时收回。

二、建设工程总费用计算程序

建设工程总费用应按有关主管部门颁发的费用项目和计算程序进行计算。建设工程费用项目和计算程序,见表2.1。

表2.1 建设工程总费用计算程序

代号	费用项目	计算式
(一)	建筑安装工程费用	
(二)	设备及工器具购置费	设备购置费 = 设备原价 + 运杂费 + 采购保管费、工具费、购置费、设备购置费乘以规定费率
(三)	公共设施等有偿使用费	(1~6之和)
1	占道费	按各地区规定计算
2	占绿地费	按各地区规定计算
3	排污费	按各地区规定计算
4	建设期间土地使用税	按各地区规定计算
5	地下水资源管理费	按各地区规定计算
6	中小学教师住宅建设费	按各地区规定计算
(四)	城市建设配套费	(7~11之和)
7	上水配套费	按各地区规定计算
8	排水配套费	按各地区规定计算

续表 2.1

代号	费用项目	计算式
9	商业网点费	按各地区规定计算
10	人防工程费	按各地区规定计算
11	其他城市建设配套费	按各地区规定计算
(五)	其他费用	(12~23之和)
12	土地使用费和迁移补偿费及安置补助费	按有关规定计算
13	建设单位管理费	[(一)+(二)]乘以费率
14	勘察设计费	按有关规定计算
15	研究试验费	按批准的计划计算
16	供电补偿费	按各地区规定计算
17	施工机构迁移费	按各地区规定计算
18	引进技术和进口设备的其他费用	按合同及国家有关规定计算
19	工程监理费	按各地区规定计算
20	工程承包费	按各地区规定计算
21	联合试运转费	[(一)+(二)]乘以费率
22	生产职工培训费	按各地区规定计算
23	办公的生产家具购置费	按各地区规定计算
(六)	预备费	[(一)+(二)+(三)+(四)+(五)]乘以费率
(七)	贷款利息投资方向调节税	按有关规定
(八)	流动资金	按批准的计划计算
(九)	建设工程总费用	(一)~(八)之和

第三节 建筑安装工程费用及其计算

一、建筑安装工程费用组成

建筑安装工程费是直接发生在建筑安装施工过程中的费用,间接地为工程支付的费用以及按国家规定收取的利润和税金等。按国家有关定额及建设工程造价主管部门规定,建筑安装工程费是由直接费、综合费用、利润、税金等部分组成的。

(一)直接费

直接费是指施工企业通过施工作业等直接体现在工程建设上的费用,即消耗在工程上的材料费、机械台班费、生产工人的工资等。

1. 人工费

人工费是指直接从事建筑安装工程的生产工人开支的各项费用。人工费包括：基本工资，工资性津贴(副食补贴、粮煤差价补贴、上下班交通补贴等)，生产工人辅助工资(指职工学习和培训期间工资、开会和必需的社会义务时间的工资、调动工作期间的工资、探亲假期间的工资等)，生产工人工资附加费(指按国家规定发放的劳动保护用品的购置费、修理费、保健费、防暑降温费等)等。

$$人工费 = \sum(分项工程量 \times 相应项目定额单位基价中的人工费)$$

2. 材料费

材料费是指列入预算定额的材料、构配件、零件、半成品的用量及周转材料的摊销量，按相应的预算价格计算的费用。

$$材料费 = \sum(分项工程量 \times 相应项目定额单位基价中的材料费)$$

3. 施工机械使用费

施工机械使用费是指列入预算定额的施工机械安、拆费；进出场和作用费。

$$施工机械使用费 = \sum(分项工程量 \times 相应项目定额单位基价中的机械费)$$

(二)综合费用

综合费用包括其他直接费、现场经费、间接费。

1. 其他直接费

其他直接费是指定额直接费以外，又消耗在工程上的其他费用。其内容包括：冬季、雨季施工增加费，夜间施工增加费，二次搬运费，生产工具使用费，检验试验费等。

其他直接费中的各项费用的计算是以定额人工费乘以相应的费率来计算的。

(1)冬季、雨季增加费

冬季、雨季增加费是指在冬季、雨季施工，需采用防寒保温、防漏、防雨措施所增加的费用。

(2)夜间施工增加费

夜间施工增加费是指为保证工期和工程质量需夜间施工所增加的费用，如工效降低费，电照设施和电费及夜餐补助费等。

(3)二次搬运费

二次搬运费是指因施工场地小等原因而造成材料二次倒运所发生的费用。

(4)仪器、仪表使用费

仪器、仪表使用费是指工程施工中使用测试仪器、仪表的摊销费、维修费，以及拆、安费。

(5)生产工具、用具使用费

生产工具、用具使用费是指在施工生产过程中使用的不属于固定资产的生产工具，检验、试验用器具等的购置,摊销和维修及支付工人自备工具的使用补贴费。

(6)检验、试验费

检验、试验费是指对建筑材料、构件等进行一般鉴定、检查所发生的费用。

(7)特殊工程培训费

(8)特殊地区施工增加费

特殊地区施工增加费是指在条件差的高原、高寒、沙漠等特殊地区施工时增加的费用。

2.现场经费

现场经费是指施工准备,组织施工生产和管理所需的费用。现场经费按定额人工费乘以相应的费率计算。现场经费包括以下内容:

(1)临时设施费

临时设施费是指为保证施工修建的生活、生产需用的临时设施费用。

临时设施包括:临时宿舍、文化福利和公用事业用房屋与构筑物、仓库、办公室、加工厂及规定范围内道路、水、电、管线等临时设施。临时设施费包括:临时设施的搭设、维修、拆卸和摊销费用。

(2)现场管理费

现场管理费是指组织现场施工所发生的管理费用,包括以下内容:

1)现场管理人员的基本工资、工资性补贴、职工福利费、劳动保险费等。

2)现场管理办公费。如办公用文具、纸张、印刷、邮电、书报、会议、水、电和取暖等费用。

3)差旅交通费。如施工现场职工因公出差期间的差旅、住宿补助费、市内交通费和误餐补助费、职工探亲路费、劳动力招募费、职工离休、退职一次性路费,工地转移费及现场管理使用的交通工具的油料、燃料、养路及牌照费等。

4)固定资产使用费。是指现场管理及试验使用的属于固定资产的设备、仪器等折旧、大修理维修费或租赁费等。

5)工具使用费。为不属于固定资产的现场管理使用的工具、器具、家具、交通工具和检验、试验、测绘、消防用具等的购置、维修、摊销费等。

6)保险费。为施工管理所用财产、车辆保险,高空、井下、海上等特殊作业安全保险等费用。

7)工程保修费用。是指工程交付使用后,在规定保修期内的修理费用。

8)工程排污费。是指施工现场按规定交纳的排污费用。

3.间接费

间接费由企业管理费、财务费和其他管理费用组成。间接费是指施工企业未直接发生在工程中,而间接为工程服务,进行施工组织管理发生的费用。间接费以定额人工费乘以相应的费率。

(1)企业管理费

企业管理费是指承包单位为组织施工生产经营活动所发生的管理费用。其费用包括:

1)管理人员的基本工资、工资性补贴、职工福利费等。

2)差旅交通费,是指企业职工因工出差、工作调动的差旅费、住勤补助费、交通费和误餐补助费、职工探亲路费、劳动力招募费、职工离休、退职一次性路费、就医路费、工地转移及交通工具的油料、燃料、养路费等。

3)办公费,是指施工企业办公用文具、纸张、账表、印刷、邮电、书报、会议、水、电、取暖用等费用。

4)固定资产使用费,是指属于固定资产的施工企业的房屋、设备等折旧、维修等费用。

5)工具、用具使用费,是指不属于固定资产的施工企业的工具、用具、家具、交通工具、检验、试验、消防等摊销和维修费用。

6)工会经费,是指按职工工资总额2%计提的经费。

7)职工教育经费,是指按职工工资总额1.5%计提的费用,用于职工学习先进技术和提高水平。

8)劳动保险费,是指企业支付离退休职工的退休金(包括劳保统筹等基金)、价格补贴、医药费、异地安家补助费,6个月以上的病假工资、职工丧葬补助费、抚恤费,按规定支付给离休干部的各项经费。

9)职工养老保险费和待业保险费,是指职工退休养老金的积累和按规定标准计提的职工待业保险费。

10)保险费,是指企业财产、管理用车辆等保险费用。

11)税金,是指企业按规定应缴纳的房产税、车辆使用税、土地使用税、印花税等。

12)其他费用,包括技术转让费、技术开发费、业务招待费、排污费、绿化费、广告费、公证费、法律顾问费、审计费、咨询费等。

(2)财务费用

财务费用是指企业为筹集资金而发生的短期贷款利息净支出,汇总净损失,调剂外汇手续费,金融机构手续费和企业筹集资金发生的其他财务费用。

(三)利润

利润是指按规定计入建筑安装工程造价并向建设单位收取的利润。该收入用于企业发展生产,增添技术设备。利润以定额人工费乘以相应的费率来计算。

(四)其他费用

其他费用是指现行规定的取费内容中没有包括的,而且现今经济政策中实行的费用。这些费用施工企业应向建设单位收取,并计入建筑安装工程造价。如材料差价、职工各类补贴、远地施工增加费等。

1. 材料价差

材料价差是指定额预算价格与市场价格之差,其价差应按各地区颁发的信息价格,或经建设与施工单位双方确认的价格按实调差,或经按各地经过测算后公布的调差系数进行调差。

2. 职工各类补贴

如职工公有住房租金补贴、集中供暖费补贴等。其费用按各地有关规定计算。

3. 远地施工增加费

远地施工增加费是指施工单位离开驻地超过一定距离进行施工所增加的费用。它包括:施工力量调遣费、管理费、增加的临时设施费、异地施工补贴。其费用按规定计算。

4. 赶工措施费

赶工措施费是指发包单位要求按照合同工期提前完工而增加的各种措施费用。

5. 文明施工增加费

文明施工增加费是指按有关文件规定增加的文明施工措施费用。

6. 工程风险系数

对于造价包干的工程,应考虑风险因素,依据工程特点、工期,承发包双方可以协商工程风险系数。

(五)劳动保险基金

劳动保险基金是指企业支付离、退休职工的退休金、价格补贴、医药费、异地安家补助费等各项经费。各地、市无论是否实行社会统筹行业管理,均执行有关标准。

(六)工程定额编制管理费和劳动定额测定费

工程定额编制管理费和劳动定额测定费是指按规定支付给有关管理部门的工程定额编制管理费和劳动定额测定费。

(七)税金

税金是指施工企业向税务部门缴纳的费用。其内容包括:营业税、城市建设维护税和教育附加。它是按国家规定应计入建筑安装工程造价的费用,可按各省、自治区、直辖市规定税率计算。

二、建筑安装工程费用计算

定额直接费计算后,其余各项费用均需按照规定的取费标准计算,由于各省所划分费用项目不尽相同,因此,各省均需制定和颁发有关工程费用的取费标准,即费用定额。并制定和颁发工程费用计算程序。

(一)安装工程费用计算

计算安装工程费用时应执行工程所在地规定的取费标准和计算程序。表2.2为2000年黑龙江省建筑安装工程费用计算程序(包工包料)。

表 2.2 2000 年黑龙江省建筑安装工程费用计算程序(包工包料)

代 号	费用名称	计算式	备 注
(一)	直接费	按定额项目计算的基价之和	
A	人工费	按定额项目计算的人工费之和	
(二)	综合费用	A×(58.5%~70.4%)(一类)	二类 45.8%~54%
(三)	利润	A×85%(一类)	二类 50% 三类 28%
(四)	有关费用	冬季施工期实际完成工程量的人工费×30%	
1	远地施工增加费	A×(15%~23%)	
2	赶工措施增加费	A×(5%~10%)	
3	文明施工增加费	A×(2%~4%)	
4	集中供暖费等各项费用		按各地、市规定
5	地区差价		按各地、市规定
6	材料差价		按各地、市规定
7	其他	按有关规定计算	
8	工程风险系数	[(一)+(二)+(三)]×(3%~8%)	
(五)	劳动保险基金	[(一)+(二)+(三)+(四)]×3.32%	
(六)	工程定额编制管理费、劳动定额测定费	[(一)+(二)+(三)+(四)]×0.16%	
(七)	税金	[(一)+(二)+(三)+(四)+(五)+(六)]×3.41%	3.35% 3.22%
(八)	单位工程费用	(一)+(二)+(三)+(四)+(五)+(六)+(七)	
9	集体企业扣减不应计取费用	集体企业:定额工日×2.36 元/工日;非集体企业及个人定额工日×3.62 元/工日	
10	材料预算价格与市场价格差	按各地市规定执行	二类工程 14.5% 三类工程 10%

续表 2.2

代号	费用名称	计算式	备注
（五）	劳动保险基金	未统筹企业 A×18.5%（一类） 已统筹企业［（一）+（二）+（三）+（四）］×3.84%（哈市）	
（六）	上级管理费、工程造价管理费、劳动定额测定费	［（一）+（二）+（三）+（四）+（五）］×0.33%	哈市属县、镇内为3.38%，县、镇外为3.25%
（七）	税金	［（一）+（二）+（三）+（四）+（五）+（六）］×3.44%	
（八）	单位工程费用	（一）+（二）+（三）+（四）+（五）+（六）+（七）	

注：楷体文字为哈尔滨市工程费用计算式。

（二）市政工程费用计算

计算市政工程费用时应执行工程所在地规定的取费标准和计算程序。表 2.3 为 2000 年黑龙江省市政工程费用计算程序（包工包料）。

表 2.3　2000 年黑龙江省市政工程费用计算程序

代号	费用名称	计算式	备注
（一）	直接费	按定额项目计算的基价之和	
A	人工费	按定额项目计算的人工费之和	
（二）	综合费用	A×(52.8%~65%)（一类）	二类 41.7%~50.5%
（三）	利润	A×85%（一类）	二类 50%　三类 28%
（四）	有关费用	冬季施工期实际完成工程量的人工费×30%	
1	远地施工增加费	A×(15%~23%)	
2	赶工措施增加费	A×(5%~10%)	
3	文明施工增加费	A×(2%~4%)	
4	集中供暖费等项费用		按各地、市规定
5	地区差价		按各地、市规定
6	材料差价		按各地、市规定

续表 2.3

代 号	费用名称	计算式	备 注
7	特种保健津贴	A×(5%~10%)	
8	预制构件增值税	按实际票据计算	根据税务部门规定
9	其他	按有关规定计算	
10	工程风险系数	[(一)+(二)+(三)]×(3%~8%)	
(五)	劳动保险基金	[(一)+(二)+(三)+(四)]×332%	
(六)	工程定额编制管理费、劳动定额测定费	[(一)+(二)+(三)+(四)]×0.16%	
(七)	税金	[(一)+(二)+(三)+(四)+(五)+(六)]×3.44%	3.35% 3.22%
(八)	单位工程费用	(一)+(二)+(三)+(四)+(五)+(六)+(七)	

思考题

1. 建设工程预算的种类有哪些?
2. 叙述建设工程"三算"的关系。
3. 叙述建设工程费用的组成。
4. 叙述综合费用的组成。

第三章 建设工程定额

第一节 工程定额的概念、性质及分类

一、定额的概念

定额词义为规定的数量标准。工程定额就是在工程建设中,完成单位合格产品所必须消耗的人工、材料、机械台班数量和资金数量的标准额度。因此,工程定额是确定工程造价和物资消耗数量的主要依据。

二、定额的性质

(一)定额的法令性和有限灵活性

定额是国家授权的主管部门组织制定、颁发的法令文件。定额的法令性决定了从事工程建设的所有建设单位、施工企业、设计单位,以及负责拨款的银行,都必须严格执行,不准任意变更定额内容和数量标准。但定额随着科学技术的发展,其内容和数量标准也会改变。这就需要及时修改和补充,制定和颁发新定额。

定额的灵活性是指定额在执行上的有限灵活性。

(二)定额的先进性与合理性

定额的先进性表现在定额项目的确定,体现了已成熟推广的新工艺、新材料、新技术。

定额的合理性表现在定额规定的人工、材料及机械台班消耗量,是在正常施工条件下,大多数施工企业可以达到或超过的平均先进水平。

(三)定额的科学性与群众性

定额是应用现代科学理论和方法,在认真研究社会主义市场经济和价值规律的基础上,通过长期观察、测定、总结生产经验,按照一定的科学程序制定的。

定额的制定来源于广大工人群众的生产实践活动,它具有广泛的群众基础,群众是编制定额的参加者,也是定额的执行者。

(四)定额的稳定性与时效性

定额是反映在一定时期内社会生产技术、机械化程度和新材料、新技术的应用水平,但定额不是长期不变的,随着科学技术的发展,新材料、新技术和新工艺的不断出现,必然对定额的内容和数量标准产生影响,应该对原定额进行修改和补充,编制和颁发新定额。因此,定额在执行期内具有时效性和相对的稳定性。

三、定额的分类

(一)按生产要素分类

产品生产具备的三要素为劳动者、劳动手段、劳动对象。根据三要素,定额可分为劳动定额(人工定额)、材料消耗定额和机械台班使用定额。

(二)按不同的用途分类

按不同的用途,定额可分为施工定额、预算定额、概算定额和估算指标、工期定额等。

(三)按定额的编制单位和执行范围分类

按定额的编制单位和执行范围,定额可分为全国统一定额、专业部定额、地方定额、企业补充定额。

1. 全国统一定额

全国统一定额是指综合全国建设工程的生产技术、施工组织管理的平均水平而编制的定额,由国家主管部门统一制定和颁发,在全国范围内执行。它反映了全国建设工程的平均生产力水平,使全国在有计划统一产品价格、成本核算等方面,具有统一尺度和可比性,可以指导专业部定额和地方定额的编制。

2. 专业部定额

专业部定额是指考虑各专业生产技术特点,参考全国统一定额的水平而编制的,一般只在本专业部执行。如:铁道部编制的铁路建设工程定额等。

3. 地方定额

地方定额是指由地方主管部门,根据当地自然气候、物质技术、地方资源和交通运输等条件,并参考全国统一定额水平编制的。只限在本地使用。

4. 企业补充定额

企业补充定额是指施工企业自行编制的具有补充性质的定额。根据新技术、新材料的出现,定额项目要不断补充,以适应生产需要。

(四)按专业工程分类

按专业工程不同,定额可分为建筑工程定额、市政工程定额、安装工程定额、建筑装饰工程定额、水利工程定额和铁路工程定额。

第二节 施工定额

一、施工定额的概念

施工定额是直接应用于施工企业内部施工管理的一种定额。根据施工定额可以直接计算出不同工程项目的人工、材料、施工机械台班消耗的数量。

施工定额是施工企业进行科学管理的基础,也是编制施工预算、施工组织设计、施工作业计划,制定人工、材料和机械台班需用量计划,签发施工任务单、限额领料单,进行工料分析、经济核算的依据。

二、施工定额的组成

施工定额由劳动定额、材料消耗定额和机械台班使用定额 3 部分组成。

(一)劳动定额

施工定额亦称人工定额。它是在正常施工组织条件下,完成单位合格产品所消耗的劳动力数量标准。

劳动定额有两种形式,即时间定额和产量定额。

1. 时间定额

时间定额是指在正常施工组织条件下,完成单位合格产品所必须消耗的工作时间定额,以工日为单位,一个工日按 8 h 计算。

计算方法是:

$$单位产品时间定额(工日) = \frac{1}{每工产量} 或 \frac{小组成员工日数总和}{每班产量}$$

2. 产量定额

产量定额是在合理的劳动组织与合理使用材料和施工机械配合条件下,某专业某种技术等级的工人班组或个人,在单位时间内完成质量合格产品的数量。

计算方法是:

$$产量定额 = \frac{1}{单位产品时间定额(工日)} 或 \frac{小组成员工日数总和}{单位产品时间定额(工日)}$$

时间定额和产量定额的关系为:

$$时间定额 = \frac{1}{产量定额}$$

$$产量定额 = \frac{1}{时间定额}$$

$$时间定额 \times 产量定额 = 1$$

时间定额用于编制施工进度计划和计算工期。产量定额用于考核劳动效益和分配任务。

时间定额见表 3.1。

表3.1 钢管安装

工作内容：切管、上零件、加工坡口、对口、焊接、调直、异径管制作、挖眼按管、管道及管件安装、栽钩钉及卡子、支吊架安装、钢套管制安、找平、找正、盲板制安、水压试验等操作过程。

每10 m的时间定额

项目		公称直径/mm 以内									序号
		20	32	50	65	80	100	125	150	200	
焊接（丝焊混接）	合计	1.33	1.52	1.81	2.03	2.4	2.72	3.13	3.6	4.25	一
	管工	1.11	1.27	1.48	1.64	1.92	2.2	2.5	2.9	3.4	二
	气焊工	0.22	0.25	0.33	0.1	0.13	0.15	0.18	0.21	0.24	三
	电焊工				0.33	0.35	0.37	0.45	0.49	0.61	四
丝接	管工	1.58	1.91	2.41	2.91	3.43	4.22				五
编号		1	3	4	5	6	7	8	9		

附注：①丝接定额以手工操作为准，机械套丝按焊接定额执行。

②本定额以明装为准，如暗装时，其合计时间定额乘以1.3。暗装工作内容包括预埋或沟槽内安装，并包括修整清理沟槽、填料等工作。

③室内生活钢管埋地敷设者，按相应项目的时间定额乘以0.7。

(二)材料消耗定额

材料消耗定额是指在节约和合理使用材料条件下，生产单位合格产品必须消耗一定规格的工程材料、半制成品、配件的数量标准。

材料消耗定额包括材料的净用量和材料损耗量。材料的损耗量与材料净用量之比称为材料损耗率。其相互关系为：

$$材料消耗量 = 材料损耗量 + 材料净用量$$

$$材料损耗率 = \frac{材料损耗量}{材料净用量} \times 100\%$$

$$材料消耗量 = 材料净用量 \times (1 + 材料损耗率)$$

(三)机械台班使用定额

机械台班使用定额简称机械台班定额。它是指完成单位合格产品，某种施工机械所消耗的工作时间标准。

机械台班使用定额，可分为时间定额和产量定额。

1. 机械时间定额

机械时间定额是指某种施工机械，完成单位合格产品所消耗的工作时间数量标准，用台班或台时表示，每台等于8台时，计算公式为：

$$单位产品机械时间定额（台班） = \frac{1}{每台班机械产量}$$

2. 机械台班产量定额

机械台班产量定额是指某种施工机械在合理劳动组织与合理使用机械条件下,机械在每个台班时间内,应完成合格产品的数量标准。

$$机械台班产量定额 = \frac{1}{机械时间定额(台班)}$$

机械时间定额和机械台班产量定额互为倒数。

第三节　预算定额

一、预算定额的概念

预算定额是指在正常施工条件下,规定完成一定计量单位的分项工程或结构构件所耗人工、材料、施工机械台班数量和资金标准。

预算定额是以分项工程为单位,在施工定额的基础上编制的,但比施工定额水平略低,项目划分也不如施工定额精细。其作用如下:

(1) 预算定额是编制施工图预算和工程结算、合理确定工程造价的依据。

(2) 预算定额是建筑安装企业对招标承包工种计算投标报价的依据。

(3) 预算定额是编制概算定额、估算指标的基础。

(4) 预算定额是施工单位加强施工组织管理和经济核算的依据。

(5) 预算定额是设计单位对设计方案进行技术经济分析对比的依据。

二、预算定额的内容

预算定额的内容一般由总说明、章节说明、定额单价表、附录等部分组成。

(一) 总说明

总说明主要说明定额的适用范围,编制依据,施工条件,关于人工、材料、施工机械标准的确定,有关费用的计取方法的规定和其他有关问题的说明。

(二) 章节说明

章节说明主要说明本章的工作内容、适用范围、工程量计算规则等。

(三) 定额单价表

定额单价表是以表格形式列出各分项工程项目、产品计量单位、定额编号、单位工程量的定额基价和其中的人工、材料及机械台班消耗数量及单价,见表3.2。该表摘自全国统一安装工程预算定额第八册《给排水、采暖、煤气工程》。

表的上部,列出分项工程子目及其定额编号。表的中部,列出单位工程量的定额基价和其中的人工费、材料费、机械费。表的下部,列出人工、材料、机械台班的消耗量及单价,以表中各分项工程子目给定的人工、材料、机械台班消耗量乘以各自的单价,便可以计算该子目的人工、材料和机械见表 3.2 表头部分,列出工作内容和工程量单位,表的机械台班费。

表 3.2 室内镀锌钢管安装(螺纹连接)

工作内容:打堵洞眼、切管、套丝、上零件、调直、栽钩卡及管件安装、水压试验。单位:10 m

定额编号				8-71	8-72	8-73	8-74	8-75	8-76
项目				公称直径/mm 以内					
				15	20	25	32	40	50
基价/元				14.53	13.35	15.89	15.99	16.64	20.46
其中	人工费/元			4.85	4.85	5.50	5.5	6.53	6.53
	材料费/元			9.70	8.50	10.18	10.28	9.90	13.33
	机械费/元			—	—	0.21	0.21	0.21	0.60
	名称	单位	单价	数量					
人工	综合工日	工日	2.50	1.94	1.94	2.20	2.20	2.61	2.61
材料	镀锌钢管	m	—	(10.20)	(10.20)	(10.20)	(10.20)	(10.20)	(10.20)
	室内镀锌钢管接头零件 Dg15	个	0.46	16.37	—	—	—	—	—
	室内镀锌钢管接头零件 Dg20	个	0.52	—	11.52	—	—	—	—
	室内镀锌钢管接头零件 Dg25	个	0.74	—	—	9.78	—	—	—
	室内镀锌钢管接头零件 Dg32	个	0.97	—	—	—	8.03	—	—
	室内镀锌钢管接头零件 Dg40	个	1.14	—	—	—	—	7.16	—
	室内镀锌钢管接头零件 Dg50	个	1.69	—	—	—	—	—	6.15
	锯条	根	0.18	0.77	0.57	0.38	0.55	0.60	0.29
	砂轮片 φ200	片	6.42			0.02	0.03	0.04	0.12
	机油	kg	1.07	0.26	0.16	0.17	0.17	0.16	0.14
	铅油	kg	5.04	0.08	0.06	0.05	0.05	0.06	0.07
	管子托钩 Dg15	个	0.05	1.46					
	管子托钩 Dg20	个	0.06		1.44				
	管子托钩 Dg25	个	0.08			1.16	1.16		
	管卡子 单立管 Dg25 以内	个	0.35	1.64	1.29	2.06			
	管卡子 单立管 Dg50 以内	个	0.47					2.06	
	其他材料费	元	—	—	0.70	1.40	1.50	0.70	0.90	1.00
机械台班	管子节断机 φ25~60	台班	4.43	—	—	0.02	0.02	0.02	0.06
	电动套丝机 TQ3A 型	台班	4.17	—	—	0.03	0.03	0.03	0.08

(四)附录

附录一般编在预算定额手册的最后,供编制预算的计算工程量和费用等的有关参考。

主要包括：选用材料价格，施工机械台班综合比例表，管件、法兰、螺栓重量表等。

三、定额单价的确定

预算定额反映了分项工程各类消耗的货币价值。定额单价也称为预算价格或预算单价。它包括完成定额项目每单位产品所需消耗的人工费、材料费、机械台班费的总和。

（一）人工费

预算定额的人工包括基本用工和其他用工，不分工种、级别，均以综合工日表示。定额中的人工费，是根据完成该定额单位产品所必须的人工消耗量和人工定额日工资标准确定的。

预算定额中的综合工日的工资单价称为定额日工资。根据现行工资制度所编制的工资等级系数表计算出基本日工资，并在此基础上，计入工资性补贴、生产工人辅助工资、工人劳动保护费、职工福利基金等项目，构成定额日工资标准。如2000年黑龙江省安装工程预定定额中定额日工资为22.88元，其组成如下：

(1)基本日工资：10.23元。
(2)工资性补贴：6.99元。
(3)生产工人辅助工资：1.95元。
(4)生产工人福利基金：2.17元。
(5)生产工人劳动保护费：1.54元。

以上5项合计为22.88元。

（二）材料费

预定定额单位产品基价中的材料费，是指为完成定额项目所消耗的各种材料、构件、零件、半成品和周转性材料的摊销量等费用。材料费是根据完成该定额单位产品所必须的材料消耗量和材料预算价格确定的，即：

$$\text{定额材料费} = \sum(\text{定额材料消耗量} \times \text{相应的单位材料预算价格})$$

1. 材料预算价格的组成

材料预算价格是指材料从来源地或交货地点运到工地仓库或施工现场存放地点后的出库价格。其计算方法，必须执行本省规定。多数采用以下方法计算：

$$\text{材料预算价格} = \text{材料供应价格} + \text{市内运杂费} + \text{采购及保管费}$$

(1)材料供应价格

材料供应价格是指材料在本地的销售价格或本地供货价格，包括材料出厂价、包装费、由外埠产地运至本地的运杂费和供销部门手续费等。包装品可以重复利用的，应扣除包装品回收价值。

(2)采购及保管费

采购及保管费是指采购材料和保管材料所发生的费用，包括采购与保管人员的工资、

福利费与劳保支出,固定资产和工器具使用费、办公费以及材料储存损耗等费用,按下式计算:

$$材料采购及保管费 = (材料供应价格 + 运杂费) \times 采购及保管费率$$

采购及保管费率按各地区主管部门的规定执行。

(3)市内运杂费

市内运杂费是指从当地供货部门运至工地仓库或施工现场地点所发生的费用或由外埠订购的材料由本埠车站、码头货场运至工地仓库或施工现场地点所发生的费用。其中包括运输费、装卸费、运输过程的正常损耗以及散粒材料的自然差方量。

市内运杂费按各地规定的各项运杂费的计算方法进行计算。

一般安装工程材料费占工程造价的80%左右,因此,应正确确定材料预算价格。

2.地区工程材料预算价格表

各地区工程建设主管部门,除规定材料运杂费、采购及保管费等费率以外,还制定和颁发《地区工程材料预算价格表》,作为本地区统一的材料预算价格。2000年哈尔滨市地区材料预算价格表如表3.3所示。

表3.3 2000年哈尔滨市地区材料预算价格表

序号	材料名称	单位	型号规格	发货地点	预算价格/元	其中		
						供应价/元	运杂费/元	采购及保管费/元
0300154	焊接钢管	t	DN25	哈市	3 259.22	3 150.00	23.53	85.69
0300207	无缝钢管	t	ø108×4.5	哈市	4 440.27	4 300.00	23.53	116.74
0300031	等边角钢	t	L50	哈市	2 694.38	2 600.00	23.53	4.32
0300115	钢板	t	厚6 mm	哈市	3 259.22	3 150.00	23.53	85.69
0300146	镀锌钢板	t	厚0.5 mm、0.75 mm	哈市	8 240.17	8 000.00	23.53	216.64
1200983	给水铸铁管	t	DN200	哈市	160.78	151.20	5.35	4.32
1201363	排水铸铁管	根	DN100×1 m	哈市	36.21	34.23	1.03	0.95
1300001	铸铁散热器	片	M132(中片)	哈市	17.77	16.80	0.50	0.47
0400064	坐式大便器	个	普釉	哈市	69.01	64	3.2	1.81
0400099	低水箱铜活	套	铜	哈市	152.93	147.00	1.91	4.02

(三)施工机械使用费

施工机械使用费或机械费,是按照完成单位产品所消耗的机械台班数量乘以每一台班的单价计算的。机械台班单价又称机械台班预算价格,是指在一个台班内为使机械正常运转所支出和分摊的各项费用的总和。由 7 项费用组成,按费用性质可分为两大类:

1. 第一类费用

第一类费用,又叫不变费用。是根据施工机械的年工作制度和机械大修间隔期确定的。不受工作地点和条件的影响,按全年分摊到每一台班的费用。它是按照费用内容和有关规定分项计算的,以货币指标反映,适用于任何地区。其费用内容包括:

(1) 基本折旧费

基本折旧费是指根据机械使用年限,逐年提取的为补偿机械磨损的费用,也就是机械设备在规定的使用期限内陆续收回其原值的费用。

(2) 大修费

大修费是指为保证机械正常使用,应进行中修和定期各级保养及临时故障排除所提取的费用。

(3) 经常修理费

经常修理费是指为了保证机械正常使用,应进行中修和定期各级保养及临时故障排除所需的费用;为保障机械正常运转所需替换设备、随机使用工具、附具摊销和维护的费用;机械运转与日常保养所需的润滑油脂、擦拭材料费用和机械停置期间的维护费用等。

(4) 安拆费与场外运输费

安拆费是指施工机械进出工地及在工地安装、拆卸所需的工料、机具消耗费和试运转费以及辅助设施分摊费用等。场外运输费是指机械整体或分件自停放场地运至施工现场或由一个工地运至另一个工地,运距在 25 km 以内的机械进出场运输及转移费用。

2. 第二类费用

第二类费用又称可变费用。是机械运转时所发生的费用。一般根据机械台班定额的实物消耗量指标和相应的地区工资标准、动力、燃料的预算价格计算确定。其费用内容包括:

(1) 人工费

人工费是指机上司机、司炉及其他操作机械工人的基本工资、附加工资和工资性质的津贴等。

(2) 燃料动力费

燃料动力费是指开动机械耗用的电力、煤、木材和汽油、柴油及水等费用。

(3) 养路费和车船使用税

养路费和车船使用税是指施工运输机械按国家规定缴纳的养路费和车船使用税。各地区施工机械台班使用费是根据中华人民共和国建设部颁发的《全国统一施工机械台班费用定额》确定的。

四、预算定额的应用

预算定额的项目的选套有以下几种情况：

(1)直接套用定额项目，是指施工图分部分项内容与所选套的相应定额项目内容一致时，可直接套用定额项目。

(2)套用换算后定额项目，是指施工图分部分项内容与选套的相应定额项目内容不一致，但又允许换算时，在定额范围内进行换算，套用换算后的定额基价。此时，应在该项定额编号下加注"换"字。

(3)套用补充定额项目，当定额中缺少或设有类似的定额可参照，为了确定施工图中的某些分部分项工程，需套用制定的补充定额。此时，应在该项定额编号下加注"补"字。

(一)安装工程预算定额简介

安装工程预算定额分为《全国统一安装工程预算定额》和地方安装工程预算定额。地方安装工程预算定额是依据《全国统一安装工程预算定额》各分项工程子目所给定的实物消耗量，按照省会城市的预算价格，并结合本地实际情况增加一些适用于本地的补充项目编制的，而地方定额的格式和使用方法与全国统一安装工程预算定额相同。

现行的《全国统一安装工程预算定额》是由中华人民共和国建设部组织制定的，于2000年3月颁发，共由13册构成。

第一册《机械设备安装工程》；第二册《电气设备安装工程》；第三册《热力设备安装工程》；第四册《炉窑砌筑工程》；第五册《静置设备与工艺金属结构制作安装工程》；第六册《工业管道工程》；第七册《消防及安全防范设备安装工程》；第八册《给排水、采暖、煤气工程》；第九册《通风、空调工程》；第十册《自动化控制装置及仪表工程》；第十一册《刷油、绝热、防腐蚀工程》；第十二册《通信设备及线路工程》；第十三册《建筑智能化系统设备安装工程》。

(二)市政工程预算定额简介

市政工程预算定额分为《全国统一市政工程预算定额》和《全国统一市政工程预算定额黑龙江省估价表》，两者配套使用。

现行的《全国统一市政工程预算定额》由中华人民共和国建设部组织制定，于2000年颁发的，共分为9册。

第一册《通用项目》；第二册《道路工程》；第三册《桥涵工程》；第四册《隧道工程》；第五册《给水工程》；第六册《排水工程》；第七册《燃气工程与集中供热工程》；第八册《路灯工程》；第九册《地铁工程》。

黑龙江省根据现行的《全国统一市政工程预算定额》，结合本省实际情况编制了《全国统一市政工程预算定额黑龙江省估价表》，共分上、中、下三册，其中上册包括：第一册《通用项目》；第二册《道路工程》；第三册《桥涵工程》；中册包括：第四册《隧道工程》；第五册

《给水工程》;第六册《排水工程》;下册包括:第七册《燃气工程与集中供热工程》;第八册《路灯工程》;第九册《地铁工程》;第十册《补充项目》。

第四节 建筑安装工程工期定额

一、工期定额的概念

建筑安装工程工期定额是指在正常情况下施工,依照建筑安装工程结构、层数、面积、用途、安装项目等的不同,按天数计算所需的施工时间。在正常情况下是指按8小时工作制和现有施工装备条件来计算。

二、工期定额编制的原则

(一)工区类别划分的原则

我国幅员辽阔,各地自然条件差别较大,同样的建筑安装工程,因地区不同,施工工期亦会不同。为此,按各省省会所在地近10年的平均气温和最低气温的不同,全国划分为Ⅰ、Ⅱ、Ⅲ类地区。

Ⅰ类地区:上海、江苏、安徽、福建、江西、湖北、湖南、广东、广西、四川、贵州、云南;

Ⅱ类地区:北京、天津、河北、山西、山东、河南、陕西、甘肃、宁夏;

Ⅲ类地区:内蒙古、辽宁、吉林、黑龙江、西藏、青海、新疆。

(二)确定工期水平的原则

(1)平均先进,经济合理。

(2)符合技术规范、工艺流程、安装施工的规律要求。

(3)在正常的情况下,合理组织施工并综合考虑影响工期的因素。

(4)与劳动定额相一致。

(三)定额项目、子目划分的原则

(1)单位工程项目按建筑物用途、结构类型划分,子目以建筑面积、层数划分。

(2)群体住宅项目按多层、高层、结构类型划分,子目以建筑面积、层数、幢数划分。

(3)住宅小区项目按结构类型划分,子目以建筑面积、层数划分。

(4)分包工程项目按专业化施工项目和用途划分,子目以安装设备规格、能力和机械施工的内容、工程量划分。

三、工期定额的作用

(一)工期定额是国家制定长远规划,安排建设项目,确定建设工期的依据。

(二)工期定额是衡量地区之间、企业之间施工水平的尺度,也是共同努力的目标。

(三)工期定额是建设和施工企业在招投标、鉴定工程承包合同方面的计算依据。

(四)工期定额是建筑安装企业正确确定施工工期的依据。

(五)工期定额是促使建筑安装企业不断改进施工工艺,提高技术装备,合理使用人力、物力,提高竞争能力和经济效益的重要手段。

四、建筑安装工程工期定额的组成

现行工期定额手册,由定额说明和定额项目的工期表格等内容组成。

工期定额手册,将建设项目分为单位工程、群体住宅工程、住宅小区工程、分包工程4个部分。每部分工程根据建筑物用途、结构类别分为160个项目。每个项目按建筑面积、建筑层数、安装项目、内容及工程量分为2 614个子目,并规定了每个子目的工作内容和施工工期。工期定额表格样式,如表3.4所示。

表3.4 钢管管道工程工期定额 (管径≤400 mm)

编 号	平均槽深 (≤m)	不同长度(百米)的工期/天								
		2	4	6	8	10	12	14	16	18	20
1-2-1	2.0	29	43	57	73	89	105	121	138	155	172
1-2-2	2.5	31	47	62	79	96	113	131	149	167	185
1-2-3	3.0	33	50	67	85	103	122	140	160	179	198
1-2-4	3.5	35	53	71	90	109	129	149	170	190	209
1-2-5	4.0	37	57	76	96	116	137	158	180	201	221
1-2-6	4.5	39	60	80	102	124	146	168	190	212	234

思考题

1.什么是定额?

2.定额的性质有哪些?

3.定额的种类有哪些?

4.什么是时间定额和产量定额?两者关系怎样?

5.什么是预算定额?它的作用是什么?

6.什么是材料的预算价格?说明价格的组成。

7.什么是工期定额?它的作用是什么?

第四章 工程预算编制

第一节 施工图预算编制

一、施工图预算的作用

(一)施工图预算是施工单位和建设单位工程结算的依据

双方编审认可的施工图预算是建设单位和施工单位结算的依据。工程竣工时,根据变更工程调整预算,按调整后的预算进行结算。

在条件具备的情况下,根据甲、乙双方签订的合同,施工图预算可直接作为工程造价包干的依据。

(二)施工图预算是建设银行拨付工程价款的依据

建设银行根据审定批准后的施工图预算办理工程拨款,监督甲乙双方按工程进度办理付款和竣工结算。如施工预算超出概算时,由建设单位会同设计单位修改设计或修正概算,另行申报批准。

(三)施工图预算是施工单位编制计划、统计和完成投资的依据

施工图预算是施工单位正确编制计划、统计、进行施工准备、组织施工力量、组织材料供应的依据。

(四)施工图预算是加强企业经济核算和"两算"对比的依据

施工图预算是根据预算定额编制的,而预算定额是按平均水平取定的。所以建筑安装企业只能在人力、物力、财力的耗用相当于定额或低于定额的情况下,才能完成任务或略降低成本。

有了施工图预算,可以与施工预算进行"两算"对比,进行经济活动分析,加强企业管理。

二、施工图预算编制的依据

施工图预算编制的主要依据为:

(1)经过会审的施工图和文字说明及工程地质资料。

(2)经过批准的单位工程施工组织设计或施工措施。

(3)国家颁发的现行预算定额、地区材料构件预算价格、人工工资标准、施工机械台班单位和地区单位估价表。

(4)现行的设备原价及运输费率。
(5)现行的各项取费标准。
(6)工程所在地的自然条件和施工条件等可能影响造价的因素。
(7)工程合同。
(8)有关的设备材料手册及产品样本。

三、施工图预算编制的程序

施工图预算编制的一般程序见图4.1、图4.2。

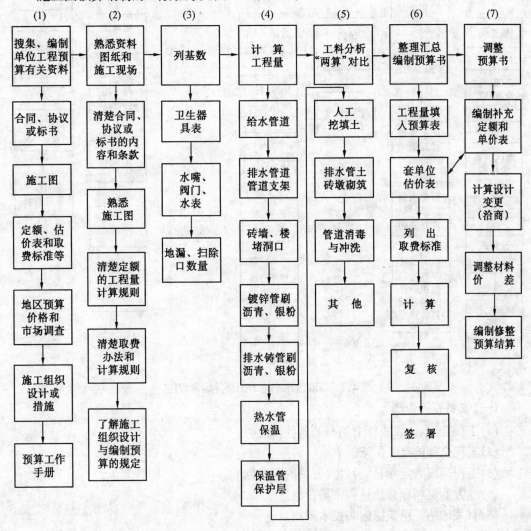

图4.1 建筑给排水施工图预算编制程序

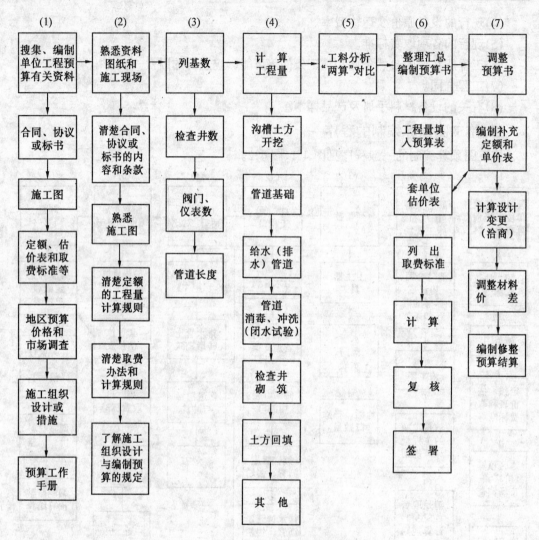

图4.2 市政给排水施工图预算编制程序

(一)收集有关资料

(1)工程合同、协议或标书的有关条款及说明。
(2)工程全部的施工图纸。
(3)工程适应的定额、估价表及有关的取费标准。
(4)地方的材料预算价格和市场价格。
(5)有关的施工组织措施和技术措施。

(二)熟悉施工图纸及图纸会审

熟悉图纸就是了解设计意图、设计思想,判断设计是否合理、标注的尺寸是否正确、设计图纸是否齐全,对存在的问题和不清楚的地方应做好记录,以便在图纸会审中解决。一般设计图纸应包括:

(1)图纸目录,包括图纸名称及数量。
(2)施工说明,包括有关标准及施工方法等。
(3)主要设备和材料表,包括型号、名称、规格、单位及数量。
(4)设备平面布置及工艺流程图,包括设备相对关系、管道相对关系。
(5)管道平面布置和剖面图。
(6)选用的有关标准图及安装样图。
(7)设备安装图及安装使用说明书。

图纸会审是对图纸中存在的有关问题及有关事宜进行处理的方法,在图纸会审记录上逐项填写,并进行会签。一般在编制工程预算前,由建设单位、设计单位、监理单位和施工单位共同完成。

(三)熟悉定额

在编制施工图预算时,应根据工程的性质、工程类别和定额的使用范围,先选定预算定额。

熟悉定额就是认真学习所用定额的总说明、章节说明及附录、附表的有关规定,熟悉定额项目表中的工程范围、工作内容、计量单位及定额基价、人工费、材料费、施工机械费,以及定额中有关计算系数的规定。全面、仔细地学习和熟悉定额,正确地使用定额是编制好工程预算的基础。以2000年《全国统一安装工程预算定额》为例说明如下:

(1)采暖与卫生工程采暖管道的供热管网、生活给排水管道、生活热水供应管道、消火栓消防系统管道、屋面雨水排水铸铁管道、生活燃气管道及阀门、器具、部件和钢板水箱,单个质量不大于100 kg的管道支架制作与安装,执行第八册《给排水、采暖、燃气工程》定额,缺项可以通用第六册《工业管道工程》定额中相似项目。

(2)火灾自动报警系统、灭火系统的设备安装,执行第七册《消防及安全防范设备安装工程》定额。

(3)各种热工测量仪表和自动控制装置,执行第十册《自动控制仪表安装工程》。

(4)各种管道和设备的除锈、刷油、防腐和绝热保温工程,执行第十一册《刷油、防腐、绝热工程》。

(5)土方工程、构筑物工程,执行《建筑工程预算定额》的相应项目。属于市政工程范围的执行《全国统一市政工程预算定额》相应项目。

(6)使用地方估价表或定额时,所用定额册数或定额项目应按地方编制的说明、适用范围和使用要求执行。

(四)计算工程量

工程量是指各分项工程项目按型号、规格分列的实物量,必须根据施工图纸和国家颁发的工程量计算规则进行计算。工程量是编制施工图预算的最重要的工作,是编制施工图预算的基础数据,是编制材料、加工件、施工机械、劳动力需用量计划及其他管理工作所需要的数据。所以,工程量计算必须做到认真、细致、准确和便于核算。

1. 工程量计算规则

现行工程量计算规则按 2000 年颁发的《全国统一安装工程预算工程量计算规则》和《全国统一市政工程预算工程量计算规则》执行,详见本章第二节。

2. 工程量计算顺序

为了避免重复计算、漏算或错算现象发生,工程量计算必须按照一定的顺序进行。

(1)首先要依据施工图纸包括的全部分项工程内容,按照选定的定额中的分项工程子目,划分和排列分项工程项目。建筑内部给排水工程分项工程项目划分如下:

1)管道安装分别按材质、管径的不同划分工程项目。
2)阀门、水表安装。
3)管道穿墙用镀锌铁皮套管制作。
4)管道穿楼板用钢套管制作安装。
5)给水管道消毒、冲洗。
6)管道支架制作与安装。
7)排水管道安装分别按材质、管径的不同划分工程项目。
8)卫生器具安装。
9)地漏和扫除口安装。
10)管道和支架除锈、刷油。
11)管道保温与保护层安装。
12)保温外表面刷油防腐。
13)管沟土方开挖与土方回填。
14)砌筑砖墩。

(2)按照划分和排列的工程项目,根据工程量计算规则逐项计算,填写工程量计算表(见表 4.1)。

第四章 工程预算编制

表 4.1 工程量计算表

工程名称：

部位编号	分项工程名称	计算式	单 位	数 量

1)管道长度计算要按实际安装位置确定,注意图上管道位置并不是实际位置。

2)避免重复工作,如需要编制施工预算或工料分析时,应在计算各管道工程量的同时分析出各管段所需管件、支架的规格数量。

3)工程量数值的精确度,按下列规定执行:"m^3、m^2、m"保留两位小数,"台、套、件"等取整数,"t"保留两位小数。

3.工程量汇总

工程量汇总就是按管段或安装部位计算工程量,将同类型、同规格的项目进行合并、汇总。将汇总的工程量填入工程量汇总表(见表 4.2)。汇总表中的分项工程名称、定额编号、计量单位必须与定额一致。

表 4.2 工程量汇总表

工程名称：

序 号	定额编号	分项工程名称	单 位	数 量

(五)套用定额和计算定额直接费

核对工程量汇总表中的数据无误后,根据选定定额套用相应项目的预算单价计算定额直接费。采用填写工程预算表的方法进行计算(见表 4.3)。

(1)填写分项工程名称、相应的定额编号和工程量数值、计量单位在工程预算表中相应栏目内;再按定额编号查出定额中规定单位的基价(定额单价)和其中的人工费、材料费、机械费的单价,也填入定额直接费表中相应栏目内,用工程量乘以各项定额单价即可求出该分项工程的预算金额。

表 4.3 工程预算表

工程名称:

序号	定额编号	分项工程名称	工程量		基价/元		其中					
			定额单位	数量	定额单价	总价	人工费/元		材料费/元		机械费/元	
							单价	金额	单价	金额	单价	金额

(2)定额中的预算单价分为完全价和不完全价两类。完全价是指包括材料、人工和机械台班的全部预算费用。不完全价是指定额单价的材料费中,有的不包括某种材料本身的价值,定额中用(　)表示,这些材料通常是主要材料,所以这些材料费也称主材料费。凡是定额单价中未包括主材料费的,在计算定额直接费时要加上主材料费。定额直接费表中的安装费加上主材料费,才是定额项目的完全价。

(3)定额直接费中,还包括各册定额说明中所规定的按系数计取的费用。其中,随定额分项工程子目增减系数而增加或减少的费用应在该子目中增减。其他规定系数计取的费用应按各册定额规定的直接费率和范围分类计算。

(4)单位工程的定额直接费,为各分项工程项目定额直接费(完全价)和按规定系数计取费用的总和。即:

单位工程定额直接费 = $\sum$ [(各分项工程项目定额完全基价 × 相应工程量) + (按定额中规定系数计取的费用)]

单位工程定额直接费中的人工费、材料费和机械费应分别统计,定额人工费是安装工程计取间接费与其他费用的计算基数,必须进行统计。

(六)计算各项取费与汇总单位工程预算造价

计算出单位工程定额直接费后,应按各省、市规定的"安装工程取费标准和计算程序表",来计取间接费及其他费用,并汇总得出单位工程预算造价。

(1)各项取费的费率、计算基数和取费计算程序,必须按照各省、市现行的取费标准和有关文件规定执行。要做到该计取的费用不漏项,不该计取的费用不计取。

(2)使用哪类工程预算定额应按哪类工程的取费标准进行取费。例如:使用安装工程预算定额应按安装工程的取费标准取费;使用市政工程预算定额,应按市政工程的取费标准取费。在安装工程中,地下埋设的管道,可能发生少量提土方和砖墩砌筑工程量,这类项目本应按建筑工程的取费标准取费,但因其工程量不大、费用较少,为简化取费计算,可将其项目列在安装项目后面,并入安装工程取费标准取费。

(七)编写施工图预算的编制说明

主要内容如下:

(1)编制预算的依据,即所用的预算定额、地方预结算单价表、地区工程材料预算价格表、工程取费标准与计算程序等有关文件。

(2)在工程量计算时,有关特殊项目或特殊部位(指不能直接利用工程量计算规则进行计算或定额项目不同的分项工程)计算方法的说明。

(3)对定额中未包括项目借套定额的说明,或因定额缺项而编补充预算单价表的说明。

(4)对材料预算价格是否进行调差及调差时所用的主材价的说明。

(5)预算中未包括的费用及其他需要说明的事宜。

(八)装订成册形成预算书

施工图预算计算工作完成后,要装订成册,形成预算书。预算书顺序为:

(1)封面。预算书的封面应采用各地的统一格式。封面的内容有:建设单位名称、施工单位名称、工程项目名称、工程项目预算总值,施工单位预算编制人与审核人的专用图章、建设单位预算审核人专用图章、建设单位和施工单位负责人印章及单位公章。

(2)预算编制说明。

(3)工程取费标准及计算程序表。

(4)定额直接费计算表。

(5)工程量计算表。

(6)特殊资料附件。

第二节　工程量计算规则

本节主要介绍给水排水工程与采暖工程工程量计算规则。

一、执行界限

(一)各册管道定额的执行界限

在使用定额时一定要注意定额的使用范围,为使用方便,各册管道定额的执行界限,如图 4.3、图 4.4、图 4.5、图 4.6 所示。

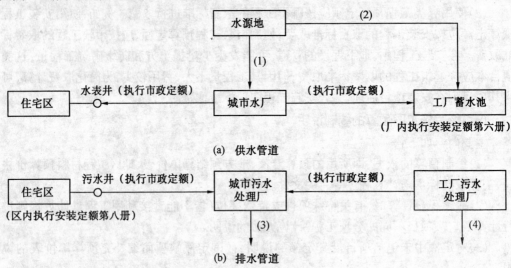

图 4.3 给排水管道定额执行界限

注:(1)、(2)为水源管道,如不是城市给水管道,定额规定,凡长度小于 1 000 km 的水源管道执行安装定额第六册。(3)、(4)为排水管道,若为城市给排水管道,执行市政工程定额。

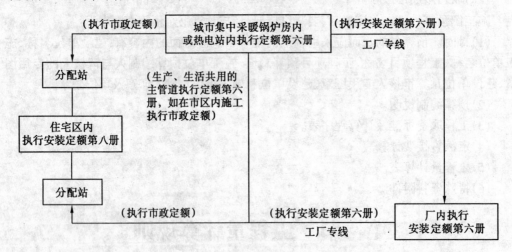

图 4.4 供热管道定额执行界限

(二)管道界线划分

1.室外管道与市政管道的界线

(1)室外给水管道与市政给水管道的界线,以从市政管道引处的第一个水表井为界,

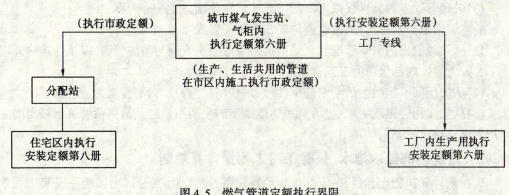

图 4.5 燃气管道定额执行界限

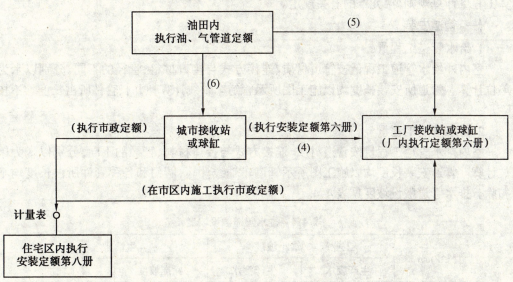

图 4.6 油、气管道定额执行界限

注：(5)、(6)为油、气源管道,定额规定,凡管道长度大于 25 km,执行安装定额第六册。(4)、(5)为城市供燃气管道,执行市政工程定额。
无水表井以管道接头为界。

(2)室外排水管道与市政排水管道的界线,以居住小区外第一个污水井为界,厂区外第一个污水井为界。

2.室外与室内管道的界线

(1)给水管道室内外界线以入口处的阀门为界,无阀门者以建筑物外墙皮 1.5 m 为界。

(2)排水管道室内外界线以出户第一个检查井为界。

(3)采暖管道室内外界线以入口阀门或建筑物外墙皮 1.5 m 为界。

3.建筑内部给水排水、采暖管道与工艺管道的界线

(1)从热源引出的采暖管道和泵站引出的生活给水管道与消防管道,以该建筑物外墙皮 1.5 m 为界。内部管道为工艺管道。

(2)从加压间引出的生活给水管道,以泵站外墙皮为界。内部管道为工艺管道。

(3)从生产用管道或生产、生活共用管道接出的生活用管道及从生活管道上接出的生产用管道,以碰头为界。

二、建筑内部给水排水、采暖工程工程量计算规则

工程量计算执行《全国统一安装工程预算定额》第八册说明及《全国统一安装工程预算工程量计算规则》第九章的有关规定。

(一)管道安装

1.给水管道工程量

室内外给水管道工程量按管道材质、连接方式与接口材料、管径的不同,分别以米为单位计算。管道所安装长度均以施工图所示管道车轴线计算,阀门、管件所占长度均不扣除。

2.排水管道工程量

室内排水管道工程量按管道材质、连接方式与接口材料、管径的不同,分别以米为单位计算。管道安装长度均以施工图所示管道车轴线计算,阀门和各种管件所占长度均不扣除。排水管道敷设坡度见表 4.4。

表 4.4 排水管道敷设坡度

管径/mm	工业废水(最小坡度)		生活排水	
	生产废水	生产污水	标准坡度	最小坡度
50	0.020	0.030	0.035	0.025
75	0.015	0.020	0.025	0.015
100	0.008	0.012	0.020	0.012
125	0.006	0.010	0.015	0.010
150	0.005	0.006	0.010	0.007
200	0.004		0.008	0.005
250	0.0035		—	—
300	0.003		—	—

3.柔性套管制作安装

按套管管径不同,以个为单位计算。

4.钢性套管制作安装

按套管管径不同,以个为单位计算。

5.镀锌铁皮套管制作

按管径不同,以个为单位计算。

6.管道支架制作安装

按支架形式的不同,以个为单位计算。

7.管道消毒、冲洗

按管径不同,以米为单位计算。

8.新建与原有管道干线碰头,按接口方式、接口材料不同,以处为单位计算。

(二)阀门、水位标尺安装

(1)室外消火栓安装,室外消火栓分地上式、地下式,按类型不同,以组为单位计算。定额中未包括消火栓的短管(三通),工程是按实计算。

(2)室内消火栓安装,室内消火栓分单出口、双出口,按规格或产品不同,以套为单位计算,单出口消火栓的明装、暗装、半暗装均执行定额。定额内每条水龙带长度以 20 m 计,如有不同可按实计算。

(3)消防水泵结合器安装,按安装方式、规格不同,以组为单位计算。安装用人工及材料是按成套产品计算的,如设计中有短管,本身价可另计,其余不变。

(4)自动消防信号灯,按管径不同,以组为单位计算。

(5)湿式自动喷水报警阀(消防总阀)带附件整套安装,按管径不同,以套为单位计算。

(6)自动喷淋玻璃喷头安装,按直径不同,以套为单位计算。

(7)法兰阀门安装,按阀门类型、连接方式与直径的不同,分别以个为单位计算。

(8)水塔、水池浮漂水位尺制作安装,以套为单位计算。

(9)浮球阀安装均以个为单位计算,已包括连杆及浮球。

(三)低压器具、水表安装

(1)减压阀、疏水阀安装以组为单位,如设计组成与定额不同时,阀门和压力表数值按设计用量调整,其余不变。

(2)螺纹水表,按管径不同,以个为单位计算。

(3)焊接法兰水表(带旁通管及止回阀),按管径不同,以组为单位计算。实际安装形式与定额不同时,阀门或止回阀可按实调整,其余不变。

(四)卫生器具安装

(1)浴盆、妇女卫生盆,按冷水、冷热水带喷头的不同,分别以组为单位计算。浴盆不分型号,定额中不包括浴盆支架、浴盆四周侧面的砌砖和瓷砖贴面,其工程量应另行计算。定额中未包括浴盆、妇女卫生盆、水嘴及带喷头的价值。

(2)洗脸盆、洗手盆,按冷水、冷热水、开关型式、类型用途、管材材质等不同,以组为单位计算。定额中未包括洗脸盆、洗手盆、立式小便器、理发用洗脸盆铜活、肘式、脚踏式开关阀门价值。

(3)洗涤盆、化验盆,按水嘴类别、开关类型不同,以组为单位计算。定额中未包括洗涤盆、化验盆价值。

(4)淋浴器,按冷水、冷热水、材质组成、制品不同,以组为单位计算。定额中未包括洗涤盆、化验盆价值。

(5)水龙头,按管径不同,以个为单位计算。定额中未包括水龙头价值。

(6)大便器,按大便器类型、冲洗方式、接管材质的不同,以组为单位计算。定额中未包括大便器、高低水箱及全部铜活、手压阀和脚踏阀等价值。

(7)小便器,按形式(挂斗式、立式)、冲洗方式(普通、自动)不同,以组为单位计算。定额中未包括小便器价值。

(8)大便槽自动冲洗水箱,按水箱容积(L)不同,以套为单位计算。定额中未包括冲洗水箱的价值。

(9)小便槽冲洗管,按冲洗管管径的不同,以米为单位计算。

(10)排水栓按管径带与不带存水弯分,以组为单位计算。

(11)铸铁存水弯,按管径不同,以组为单位计算。

(12)地漏、地面扫除口,按规格不同,以个为单位计算。

以上卫生器具安装排水管管径和管道的最小坡度见表4.5。

表4.5 卫生器具安装排水管管径和管道的最小坡度

序 号	名 称	排水管径/mm	管道最小坡度
1	污水池	50	0.250
2	单格洗涤盆(池)	50	0.250
3	双格洗涤盆(池)	50	0.250
4	洗手(脸)盆(无塞)	32~50	0.200
5	浴盆	50	0.200
6	洗脸盆(有塞)	32~50	0.200
7	淋浴器	50	0.200

续表 4.5

序号	名称		排水管径/mm	管道最小坡度
8	大便器	高水箱	100	0.012
		低水箱	100	0.012
		自闭式冲洗阀	100	0.012
9	小便器	手动冲洗阀	40~50	0.020
		自动冲洗水箱	40~50	0.020
10	妇女卫生盆		40~50	0.020
11	饮水器		25~50	0.010~0.020

(五)供暖器具安装

(1)热空气幕安装以台为单位,其支架制作安装可按相应定额另行计算。

(2)长翼、柱型铸铁散热器组成安装以片为单位,其汽包垫不得换算;圆翼形铸铁散热器组成安装以节为单位。

(3)光排管散热器制作安装以米为单位,已包括联管长度,不得另行计算。

(六)小型容量制作安装

(1)钢铁水箱制作,按施工图所示尺寸,不扣除人孔、手孔重量,以千克为单位,法兰和短管水位可按相应定额另行计算。

(2)钢板水箱安装,按国家标准图集水箱容量(m^3),执行相应定额,各种水箱安装,均以个为单位。

(七)燃气管道及附件、器具安装

(1)各种管道安装。均按计算管道中心线长度,以米为单位,不扣除各种管件和阀门所占长度。

(2)除铸铁管外,管道安装中已包括管件安装和管件本身价值。

(3)承插铸铁管安装定额中未列出接头零件,其本身价值应按设计用量另行计算,其余不变。

(4)钢管焊接挖眼接管工作,均在定额中综合取定,不得另行计算。

(5)调长器及调长器与阀门连接,包括一副法兰安装,螺栓规格和数量以压力为 0.6 MPa 的法兰装配,如压力不同可按设计要求的数量、规格进行调整,其余不变。

(6)燃气表安装按不同规格型号分别以块为单位,不包括表托、支架、表底垫层基础,其工程量可根据设计要求另行计算。

(7)燃气加热设备、灶具等按不同用途规格型号,分别以台为单位。

(8)气嘴安装按规格型号、连接方式,分别以个为单位。

三、市政给排水工程量计算

(一)排水管道

(1)管道铺设的工程量按井中至井中的中心线长度计算,以米为单位计算。在计算工程量时均应扣除各类检查井所占长度。每座检查井扣除长度按表4.6计算。

表4.6 检查井扣除长度

检查井规格	扣除长度/m	检查井规格	扣除长度/m
ø 700	0.40	各种矩形井	1.00
ø 1 000	0.70	各种交汇井	1.20
ø 1 250	0.95	各种扇形井	1.00
ø 1 500	1.20	圆形跌水井	1.60
ø 2 000	1.70	矩形跌水井	1.70
ø 2 500	2.20	阶梯式跌水井	按实扣

(2)定额中以钢筋混凝土管计算,采用无筋混凝土管时,管材定额量100 m为101.5 m。

(3)公称直径为500 mm(含500 mm)管道铺设均按人工下管计算,沟深按3 m以内计算,当沟深超过时,按人工乘以1.15计算。

(4)混凝土管的长度,公称直径200~2 000 mm以内按2 m计算,管材长度不同时按插入法计算增减接口人工、材料。

(5)管道铺设均考虑了沟槽边堆土影响因素,使用时无论沟边有无堆土,均不做调整。

(6)管道接口如需内口抹缝,所需人工、材料可按实计算。

(7)管道的闭水试验用水已综合考虑在定额内。但所用人工、材料未计算,实际发生时,每试验段按基价乘以以下系数:公称直径500 mm以内1.015;公称直径1 000 mm以内1.007;公称直径1 500 mm以内1.006;公称直径2 000 mm以内1.005。

(8)管道基础垫层铺筑,按扣除检查井后实际长度计算。

(9)管道基础用模板均按钢、木比例综合考虑,使用时不做调整。

(二)给水管道

(1)管道长度按中心线的长度计算,支管从主管中心线开始计算长度。

(2)管道的工程量均按延长计算,管件所占长度已在管道施工损耗中综合考虑,计算工程量时均不扣除其所占长度。

(3)除镀锌管外,各种管件(三通、弯头、异径管)按设计图确定数量。

(4)水压试验,冲洗消毒工程量按设计管道长度计算。

(5)管道安装总工程量不足 50 m 时,管径 DN≤300 mm,其人工、机械台班耗用量乘以系数 1.67,管径 DN>300 mm,其人工、机械台班耗用量乘以系数 2,管径 DN>1 600 mm,其人工、机械台班耗用量乘以系数 2.5。

(6)青铅接口管节的长度取定见表 4.7。

表 4.7 管节长度

管 材	承插铸铁管		钢 管		预应力钢筋混凝土管
公称直径(mm 以内)	250	1 200	2 000	3 000	1 200
管节长度	5	5	5	3.6	5

(三)管件安装

(1)给水管件安装工程量以个为单位计算。

(2)焊接弯头(虾壳弯)制作 DN≤529 时,定额系按 4 件 3 缝计算,DN>529 时,定额按 5 件 4 缝计算。如设计要求每增加 1 通焊缝,焊接材料乘以系数 1.25;每减少 1 通焊缝,焊接材料乘以系数 0.67。

(3)铸铁管件安装包括三通各种度数弯头、异径管、渐缩管、短管。钢管件包括三通各种度数的虾壳弯、异径管。

(4)给水管道的新旧连接,均采用连续作业法并综合考虑了断水连接和不断水连接两种施工方式。安装管件及套管等均包括在内。

(5)钢管、铸铁管件安装以一个口计算,如有两个口可增加相应的焊接材料或接口材料。

(6)新旧管连接,如主材是预应力混凝土管时,人工工日按铸铁管计算,新旧连接乘以系数 1.5。

(四)检查井

(1)检查井深度从井底计算到井盖顶。

(2)各种检查井按不同的井深和不同的井径分别以座为单位计算。

(3)检查井基础已包括在检查井定额内,如用于有地下水时,另增加 10 cm 碎石垫层,套用非定型管道基础垫层子目。

(五)土石方工程

(1)土石方体积均以天然密实体积(自然方)计算,回填土按碾压后的体积(实方)计算,余松土和堆积土按堆积方乘以系数 0.8,折合为自然方,套一、二类土定额。

(2)土方工程量按图纸尺寸计算,修建机械上下坡的便道土方量并入工程内。石方工程量按图纸尺寸加允许超挖量;松次坚石 20 cm,普特坚石 15 cm。

(3)管道接口作业坑和沿线各种井室所需增加开挖的土、石方工程量按沟槽全部土、石方量的2.5%计算。管沟回填土应扣除管径在500 mm以上的管道、基础、垫层和各种构筑物所占体积。

(4)挖土放坡和沟、槽底加宽应按图纸尺寸计算,如设计无明确规定,可参照表4.8和表4.9。

表4.8 放坡系数表

土壤类别	人工开挖	机械开挖		放坡起点深度/m
		在槽、坑沟底挖土	在槽、坑沟边挖土	
一、二类土	1:0.50	1:0.33	1:0.75	1.00
三类土	1:0.33	1:0.25	1:0.67	1.50
四类土	1:0.25	1:0.10	1:0.33	2.00

表4.9 管沟底部每侧工作面宽度   mm

管道结构宽	非金属管道	金属管道	管道结构宽	非金属管道	金属管道
100~500	400	300	1 100~1 500	500	600
600~1 000	500	400	1 600~2 500	800	800

(5)放坡挖土交接处产生的重复工程量不扣除。如在同一断面内遇到不同类别的土,其放坡系数可按各类土占全部深度的百分比加权计算。

(6)管道结构宽度,无管座按管道外径计算,有管座按管道基础外缘计算,如设挡土板每侧另增加工作面10 cm。

(7)机械挖土,如需工人辅助开挖(包括切边、修整底边),机械挖土按土方量90%计算,人工土方按10%计算。人工挖土套相应定额乘以系数1.5。

第三节 施工预算

一、施工预算的作用

1.施工预算是编制施工作业计划的依据

施工作业计划是施工单位计划管理的中心环节,它主要是根据施工预算与施工进度计划进行编制的,是具体执行施工预算中所考虑到一切降低成本、保证质量的措施。

2.施工预算是签发施工任务单(或称生产任务单、计划任务单)的依据

施工任务单是把施工作业计划落实到班组(队)的行动计划,施工任务单的执行情况,包括编制、签发、记录、结算等各个环节都是以施工预算为主要依据的。

3.施工预算是考核劳动成果实行按劳分配的依据

施工预算是衡量工人劳动成果,计算应得报酬的依据,使工人把劳动成果和个人生活资料分配直接联系起来,更好地贯彻执行按劳分配的原则。

4.施工预算是施工单位开展经济活动分析的依据

施工单位开展经济活动分析是提高与加强施工管理的有效手段。通过经济活动分析,找出施工管理中的薄弱环节与存在问题,提出应该加强改进的具体办法。经济活动分析主要是运用施工预算的人工材料、机械台班数量等与施工实际消耗的对比,同时也是和施工图预算进行"两算"对比的依据。

二、施工预算编制的依据

1.施工图纸(包括说明书)和施工图预算

编制施工预算是根据施工图纸和施工图预算,在保证工程质量的前提下,考虑一切可以降低工程成本的因素后,由施工单位自行编制,因此在编制时必须具备会审后的全套施工图纸与施工图预算。

2.施工组织设计或施工方案

在施工组织设计或施工方案中所确定的施工方法,技术组织措施,现场平面布置等,都是编制施工预算的依据,没有这些资料,施工预算中有些项目是难以确定的,如人工、机械施工等。

3.现行的施工定额和补充定额

施工定额是编制施工预算的主要依据,定额水平的高低和内容是否简明适用,直接关系到施工预算的贯彻执行,目前全国尚无完整的统一施工定额,在这种情况下,只有执行所在地区的有关规定和颁发的施工定额,必要时还自编补充定额。

4.其他资料

包括实地勘察与测量资料、地区材料单价、建筑材料手册等。

三、施工预算的主要内容

施工预算的主要内容,和施工图预算相似,包括工程量、人工、材料与机械等,一般以单位工程或分部工程进行编制,由说明书及施工预算表两部分组成。

(一)说明书

说明书用简短文字叙述以下基本内容:

(1)工程性质、范围和地点。

(2)对设计图纸、说明书的意见和现场勘察的主要资料。

(3)施工部署及施工工期。

(4)施工中采取的主要技术措施,如降低成本措施、施工技术措施、保安防火措施等,以及施工中可能发生的困难及处理办法。

(5)工程中存在或需要解决的问题。

(二)施工预算表

为了减少计算上的重复劳动,编制施工预算一般采用表格方式进行,常用的施工预算表有工程量汇总表,材料、加工件、施工机械台班计划表,劳动力计划表,"两算"对比表。

1.工程量汇总表

工程量汇总表,见表4.10。

表4.10 工程量(汇总)表

单位工程名称: 根据第( )号图纸 第( )页 共( )页

序号	名称	规格型号	单位	数量	备注

2.材料、加工件、施工机械台班计划表

材料、加工件、施工机械台班计划表,见表4.11。

表4.11 材料、加工件、施工机械台班计划表

单位工程名称: 第( )页 共( )页

序号	名称	规格	单位	数量	单价/元	合价/元	备注

3.劳动力计划表

劳动力计划表,见表4.12。

表4.12 劳动力计划表

单位工程名称: 第( )页 共( )页

序号	工种名称	需用工日数	单价/元	金额/元	备注

4. "两算"对比表

"两算"对比表,见表4.13。

表4.13 "两算"对比表

单位工程名称: 分部工程名称:

施工图预算/元		施工预算/元		"两算"对比(+、-)
人工费		人工费		
材料费		材料费		
施工机械费		施工机械费		
合计		合计		
预算降低率		$\dfrac{施工图预算价值-施工预算价值}{施工图预算价值} \times 100\%$		
说明				

四、施工预算的编制

(一)施工预算编制步骤

施工预算编制同施工图预算相似,其区别是两者使用的定额不同,项目划分的粗细,工料耗用量多少有些差别。

1. 熟悉基础资料及定额使用

编制施工预算,首先要熟悉有关的基础资料,包括全套施工图纸、说明书、施工组织设计(或施工方案)以及施工现场布置的平面图,并且要掌握施工定额的内容、使用范围、项目划分及有关规定,防止套用错误,造成返工。

2. 列工程项目、计划工程量并汇总

将施工图纸的内容按照施工定额划分工程项目,再计算工程量。工程量的计算是编制施工预算中一项最细致的工作,要求做到准确(不重、不漏、不错)及时。所以凡是能利用设计预算的工程量就不必再算,但工程项目、名称和单位一定要符合施工定额。工程量计算完毕,经细致核对无误后,根据施工定额内容与计量单位的要求,按分部分项工程的顺序逐项汇总,整理列项为套用施工定额提供方便。

3. 套用施工定额

套用施工定额必须与施工图纸要求的内容相适应。分项工程名称规格、计量单位,必须与施工定额所列的内容全部一致,否则重算、漏算、错算都会影响工程核算。在套用施工定额的过程中,对于缺项,可套用相应定额或编制补充定额,但编制补充定额必须经上级有关单位批准。

4.编制施工预算表

根据工程量按照所套用的施工定额的分项名称,顺序套用定额中的单位人工、材料和机械台班消耗量(无机械台班消耗定额按施工组织设计的机械台班消耗计算),然后逐一计算出各个工程项目的人工、材料和机械台班的用量,最后同类项目工料相加予以汇总,填入计划表内。

5.计算工料费和汇总

人工费 = 工资标准 × 工日数量

材料费 = 材料预算价格 × 材料数量

机械台班费 = 机械台班标准 × 机械台班数量

6."两算"对比

"两算"对比是采用分项对比,将施工预算中的人工工日、材料数量、机械台班数量、人工费、材料费、机械费分别与施工图预算进行对比。通过对比检查,总结降低工耗的方法和措施。

7.编制说明,校核、装订成册。

(二)编制方法

施工预算编制方法有:

1.实物法

实物法是编制施工预算目前普遍应用的方法,它是根据施工图纸和施工定额的规定计算工程量。汇总分析人工和材料数量,向施工班组(或队)签发施工任务单和用料单,实行班组(或队)核算,与施工图预算的实物人工和主要材料进行对比,分析超、节原因以利于加强企业管理。

2.实物金额法

实物金额法编制施工预算有两种做法。其中一种是根据实物法编制的施工预算的人工和材料数量,分别乘以人工和材料单价,求得直接费的人工和材料费,实物数量是用于施工班组(或队)签发施工任务单和用料单,实行班组(或队)核算直接费的人工和材料费与施工图预算直接费的人工和材料费相对比,进行分析比较以利于加强企业管理。

3.综合法

综合法根据施工定额的规定计算工程量套用施工定额单价计算合价,各分项相加,求得直接费,该方法与施工图预算编制的方法基本相同,不同之处就是项目比施工图预算多,如机械台班按施工组织设计或施工方案规定计算。施工定额按分项编有单价,将施工预算的工程量套用施工定额人工和材料,分析人工和主要材料消耗数量,向施工班组(或队)签发施工任务单和用料单,与施工图预算人工和主要材料对比。

第四节 竣工决算

工程竣工时,施工单位应向建设单位提交有关技术资料、竣工图,办理交工验收。工程竣工、交付使用后编制工程竣工决算。

竣工决算是工程竣工验收后,根据施工过程中实际发生的设计变更、材料代用、工程签证等情况对原施工图预算进行修改后最后确定工程实际造价的文件。

一、竣工决算文件组成

竣工决算书的组成与施工图预算一致,包括编制说明、决算表、费用计算表等。如果工程费用变化不大,可在原预算基础上调整。如果设计变更较大,工程量全部或大部分变更,采用局部调整增减费用的办法比较繁琐,还容易弄混、出错,可以按施工图预算的编制方法重新编制,并且填写决算汇总表,见表4.14。

表4.14 工程决算汇总表

序 号	工种名称	原预算价/元	调增预算价/元	调减预算价/元	决算价/元

二、竣工决算的编制

(一)编制依据

(1)建设单位审核批准的施工图预算。

(2)设计变更单、材料代用单、技术核定单、工程签证等。

设计变更单是设计单位因各种原因而发生的工程设计变更通知。必须有设计单位、设计人员的签章。

材料代用单是建设单位或施工单位因无法采购到符合设计要求的材料而提出的材料代用清单。必须经设计单位和建设单位批准。

技术核定单是建设单位或施工单位对施工图提出局部修改、使用新技术等具体问题向设计单位提交的施工技术核定单。必须经设计单位、建设单位签章。

工程签证是施工单位在施工过程中完成了施工图中未包括的施工项目、施工范围和工作内容等,向建设单位提出的费用要求。一般以表格形式表现。例如,因建设单位或设计单位的责任造成的停工、窝工,设计变更引起的工程增减等,以费用的形式反映。

(3)钢筋、金属结构及铁件加工等配料单。

(4)各种材料试验报告单。

(5)各种验收资料。如隐蔽工程检查验收记录、中间交工验收证明单、竣工图等。

(6)有关定额、材料预算价格、费用定额等。

(二)竣工决算编制

竣工决算编制是一项细致的技术工作。既要正确反映工人劳动创造的工程价值,又要正确地贯彻执行国家有关规定。

1.了解决算原始资料

原始资料是编制竣工决算的依据,要全面、仔细了解,归纳整理。

2.认真核对工程量

根据施工图、原始资料,对工程量认真核对,进行实际丈量,做好记录。

3.调整工程量

调整工程量是因施工图预算工程量与实际完成工程量不符而出现的增减。

(1)设计修改和漏项而需增减的工程量,根据设计变更进行调整。

(2)现场工程更改,包括施工中不可预见的项目和建设单位提出的变更。应根据建设单位和施工单位签订的现场记录,按合同或协议的规定进行调整。

(3)施工图预算错误,在编制竣工决算前,应结合竣工验收、点校核对实际完成工程量,施工图预算有错误应做相应调整,按实际完成工程量决算。

4.材料价差

工程决算应按预算定额或地区单位估价表的单价编制。当实际材料价格与材料预算价格发生差异时,可在决算中进行调整,并应按照当地规定办理,允许调整的才可以调整,否则不可以调整。

5.套单价,计算工程费用

(1)原有施工图预算直接费,不需要另抄。

(2)调增部分直接费,按其分部工程量,套以单价,计算出直接费。

(3)调减部分直接费,按其分部工程量,套以单价,计算出直接费。

竣工决算直接费 = 原有施工图直接费 + 调增部分直接费 - 调减部分直接费

6.费用调整

一般按编制施工图预算的有关规定执行。

第五节 施工图预算编制实例

[例题1] 某给水管道工程施工图预算编制实例,施工图如图4.7所示。

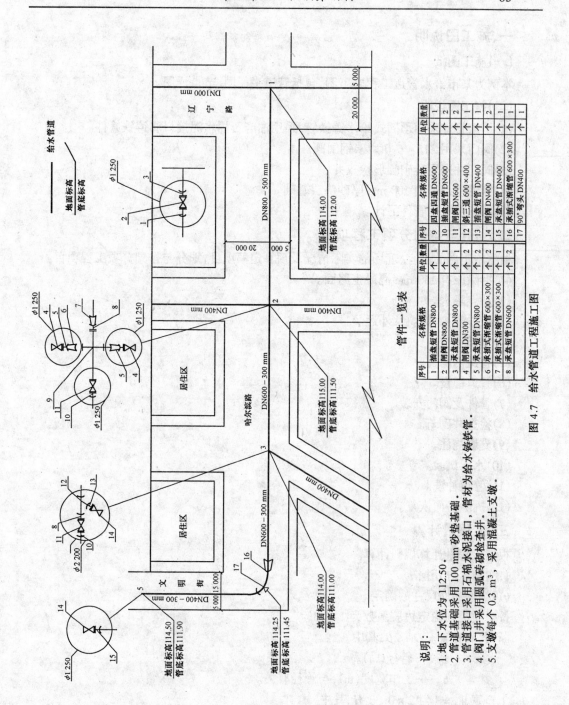

图 4.7 给水管道工程施工图

一、施工图说明

(一)施工图纸

本例为某市给水管道工程施工图,包括管道平面图、节点详图。

(二)施工图说明

(1)给水管道采用承插式给水铸铁管,采用油麻石棉水泥接口和铸铁管件。
(2)阀门采用 Z15-6.0 型碳钢闸阀。
(3)阀门井采用砖砌圆形检查井。
(4)管道基础采用 100 mm 厚砂垫层基础。
(5)新旧接头处管件另计。

二、划分与排列分项工程项目

根据施工图的内容、现场的实际情况及预算定额项目,划分与排列分项工程项目。
(1)拆除原有 150 mm 混凝土路面。
(2)井点降水。
(3)土方开挖、回填及外运。
(4)基础工程。
(5)管道内防腐。
(6)管道铺设。
(7)管件及阀门安装。
(8)检查井砌筑。
(9)支墩浇注。
(10)水压试验。
(11)管道冲洗。
(12)拆除路面恢复。

三、工程量计算

根据工程量计算规则计算。

1.沟槽土方开挖

(1)沟槽断面尺寸的确定
按土质类别确定边坡系数为 1:0.33。
断面,底宽 $W = D + 2b$,其中

D——管径(m)。
b——工作宽度(m),与管径有关。

上口宽 $W_1 = W + 2 \times 0.33\,H$,其中

H——槽深。

断面面积 $S = (W + W_1) \times H \times 1/2$
节点 1 断面面积 $W/\text{m} = 0.8 + 2 \times 0.4 = 1.6$
$$W_1/\text{m} = 1.6 + 2 \times 0.33 \times 2 = 2.92$$
$$S_1/\text{m}^2 = (1.6 + 2.92) \times 2 \times 1/2 = 4.52$$
同理：节点 2 断面面积 $S_2/\text{m}^2 = 9.64$
  节点 3 断面面积 $S_3/\text{m}^2 = 7.17$
  节点 4 断面面积 $S_4/\text{m}^2 = 6.51$
  节点 5 断面面积 $S_5/\text{m}^2 = 4.43$

(2) 开挖土方体积计算
采用平均断面法。
$V_{1-2}/\text{m}^3 = (S_1 + S_2) \times 1/2 \times L = (4.52 + 9.64) \times 1/2 \times 500 = 3\,540.00$
$V_{2-3}/\text{m}^3 = 2\,521.00$
$V_{3-4}/\text{m}^3 = 2\,052.00$
$V_{4-5}/\text{m}^3 = 1\,641.00$
合计 $V_1/\text{m}^3 = 9\,754.00$

(3) 构筑物土方量计算
按土方体积的 2.5% 计算，$V_2/\text{m}^3 = 243.85$ 并入沟槽土方计算。

(4) 总开挖土方量合计
$$V/\text{m}^3 = V_1 + V_2 = 9\,997.5$$

2. 路面面积 F
按沟槽上口宽度与管道长度的乘积计算。
$$F/\text{m}^2 = 3.91 \times 500 + 3.38 \times 300 + 3.24 \times 300 + 2.72 \times 300 = 4\,757.00$$

3. 降水
采用单排井点降水，间距 1.5 m。
井点数量 $n/\text{根} = L/1.5 = 1\,400/1.5 = 930$

4. 砂垫层基础
按垫层体积计算。
$V/\text{m}^3 = (1.6 \times 500 + 1.4 \times 300 + 1.4 \times 300 + 1.0 \times 300) \times 0.1 = 194.00$

5. 管道内防腐
按施工图中心线长度计算，不扣除管件所占长度。
DN800 为 500 m
DN600 为 600 m
DN400 为 300 m

6.管道铺设

按施工图中心线长度计算,不扣除管件所占长度。

DN800 为 500 m。

DN600 为 600 m。

DN400 为 300 m。

7.管件安装

按施工图节点所列数量计算。见表 4.15。

表 4.15 管件计算表

序 号	管件名称规格	单 位	数 量
1	插盘短管 DN800	个	1
2	闸阀 DN800	个	1
3	承盘短管 DN800	个	1
4	闸阀 DN300	个	2
5	承盘短管 DN400	个	3
6	渐缩管 600×400	个	2
7	渐缩管 800×600	个	1
8	承盘短管 DN600	个	2
9	四盘四通 DN600	个	1
10	插盘短管 DN600	个	2
11	闸阀 DN600	个	2
12	斜三通 600×400	个	1
13	插盘短管 DN400	个	1
14	闸阀 DN400	个	2
15	90°弯头	个	1

8.检查井砌筑

检查井按座计算。

ø1250 检查井 4 座。

ø2200 检查井 1 座。

9.支墩浇注

按混凝土体积计算。

两处合计混凝土体积为 0.6 m³。

10. 水压试验

按施工图管道中心线长度计算。

DN800 管道长度为 500 m。

DN600 管道长度为 600 m。

DN400 管道长度为 300 m。

11. 管道冲洗

按施工图管道中心线长度计算。

DN800 管道长度为 500 m。

DN600 管道长度为 600 m。

DN400 管道长度为 300 m。

12. 混凝土路面恢复

按拆除路面面积计算。

13. 土方回填

土方回填体积/m³ = 土方开挖体积 − 管道体积 − 基础体积 =
$9997.5 - [(0.4^2 \times 3.14/4 \times 300) + (0.6^2 \times 3.14/4 \times 600) + (0.8^2 \times 3.14/4 \times 500)] - 194 = 9\,997.5 - 458.44 - 194 = 9\,345.06$

14. 土方外运

土方外运土方量/m³ = 土方挖方量 − 土方回填量 = 9997.5 − 9345.06 = 652.44

基本运距为 4 km。

四、套用定额单价,计算定额直接费

1. 本例题使用的定额及材料预算价格

(1)本例题使用全国统一市政工程预算定额。

(2)定额单价采用 2000 年黑龙江省建设工程定额单价。

(3)材料预算价格采用 2000 年哈尔滨市建设工程材料预算价格。

2. 编制定额直接费计算表

本例题定额直接费计算表,见表 4.16。

表 4.16 工程预算表

工程名称：某市给水管道工程

序号	定额编号	分项工程名称	工程量 定额单位	工程量 数量	基价/元 定额单价	基价/元 金额	其中 人工费/元 单价	其中 人工费/元 金额	其中 材料费/元 单价	其中 材料费/元 金额	其中 机械费/元 单价	其中 机械费/元 金额	备注
1	1-549	拆除混凝土路面	100 m²	47.57	398.11	18 938.09	398.11	18 938.09					
2	1-653	井点安装	10 根	93.00	1 282.84	119 304.12	277.76	25 831.68	348.02	32 365.86	657.06	61 106.58	
3	1-654	井点拆除	10 根	93.00	104.38	9 707.34	99.07	9 213.51	5.31	493.83			
4	1-655	井点使用	50 根	18.60	651.55	12 118.83	68.64	1 276.70	13.03	242.35	569.88	10 599.76	
5	1-9	沟槽开挖	100 m³	99.98	1 570.94	157 062.58	1 570.94	157 062.58					
6	61-603	砂垫层基础	10 m³	19.40	746.00	14 472.40	119.36	2 315.58	603.22	11 702.46	23.42	454.35	
7	5-25	管道铺设 DN800	10 m	50.00	227.17	11 358.50	93.44	4 672.00	43.74	2 187.00	89.99	4 499.50	
8		主材 DN800	10 m	50.00	8 272.00	413 600.00			8 272.00	413 600.00			
9	5-23	管道铺设 DN600	10 m	60.00	164.68	9 880.80	64.68	3 880.80	31.15	1 869.00	68.85	4 131.00	
10		主材 DN600	10 m	60.00	5 820.00	349 200.00			5 820.00	349 200.00			
11	5-21	管道铺设 DN400	10 m	30.00	101.21	3 036.30	44.25	1 327.50	18.29	548.70	38.67	1 160.10	
12		主材 DN400	10 m	30.00	3 210.00	96 300.00			3 210.00	96 300.00			
13	5-196	管道防腐 DN800	100 m	5.00	210.69	1 053.45	58.48	292.40	97.47	487.35	54.74	273.70	
14	5-194	管道防腐 DN600	100 m	6.00	137.97	827.82	51.53	309.18	43.98	263.88	42.46	254.76	
15	5-192	管道防腐 DN400	100 m	3.00	97.96	293.88	42.83	128.49	28.99	86.97	26.14	78.42	
16	5-239	管件安装 DN800	个	3	157.88	47 364	88.52	265.56	43.07	192.10	26.29	78.78	
17		承盘短管 DN800	个	1	1 515.00	1 515.00			1 515.00	1 515.00			
18		插盘短管 DN800	个	1	2 080.00	2 080.00			2 080.00	2 080.00			
19		渐缩管 800×600	个	1	1 940.00	1 940.00			1 940.00	1 940.00			
20	5-237	管件安装 DN600	个	8	114.64	917.20	58.21	465.68	30.68	245.44	25.75	206.00	
21		承盘短管 DN600	个	2	895.00	1 790.00			895.00	1 790.00			

续表 4.16

序号	定额编号	分项工程名称	工程量 定额单位	工程量 数量	基价/元 定额单价	基价/元 金额	其中 人工费/元 单价	其中 人工费/元 金额	其中 材料费/元 单价	其中 材料费/元 金额	其中 机械费/元 单价	其中 机械费/元 金额	备注
22		四盘四通 DN600	个	1	2 550.00	2 550.00			2 550.00	2 550.00			
23		渐缩管 600×400	个	2	1 200.00	2 400.00			1 200.00	2 400.00			
24		斜三通 600×400	个	1	2 500.00	2 500.00			2 500.00	2 500.00			
		小计				1 280 210.31		225 979.75		924 559.94		129 670.62	
25		插盘短管 DN600	个	2	1 290.00	2 580.00			1 290.00	2 580.00			
26	5-235	管件安装 DN600	个	5	62.10	310.50	34.94	174.70	18.03	90.15	9.13	45.65	
27	7-564	承盘短管 DN400	个	3	436.77	1 310.31			436.77	1 310.31			
28	7-562	插盘短管 DN400	个	1	720.00	720.00			720.00	720.00			
29		90°弯头	个	1	1 050.00	1 050.00			1 050.00	1 050.00			
30	7-559	阀门安装 DN800	个	1	248.67	248.67	60.93	60.93	10.20	10.20	177.54	177.54	
31		阀门 DN800	个	1	2 200.00	2 200.00			2 200.00	2 200.00			
32		阀门安装 DN600	个	2	148.79	297.58	46.31	92.62	7.38	14.78	95.10	190.2	
33		阀门 DN600	个	2	7 300.00	14 700.00			7 300.00	14 600.00			
34		阀门安装 DN400	个	4	94.47	377.88	30.80	123.20	6.07	24.28	57.60	230.40	
35		阀门 DN400	个	4	2 600.00	10 400.00			2 600.00	10 400.00			
36	5-427	混凝土支墩	10 m³	0.06	2 814.34	168.86	669.22	40.15	1 965.13	117.91	179.79	10.78	
37	5-364	阀门井 φ1250	座	5	651.10	3 255.00	136.91	684.55	513.90	2 569.50	0.29	1.45	
38	5-365	每增加 0.2m	0.2 m	24	70.62	1 694.88	21.58	517.92	49.04	1 176.96	0.82		
39	5-374	阀门井 φ2200	座	1	1 575.37	1 575.37	430.83	430.83	1 143.72	1 143.72	0.82	0.82	
40	5-120	新旧管连接 DN800	处	1	1 673.00	1 673.00	1081.01	1 081.01	488.18	488.18	103.81	103.81	

续表 4.16

序号	定额编号	分项工程名称	工程量		基价/元			其中						备注
			定额单位	数量	定额单价	金额	人工费/元 单价	金额	材料费/元 单价	金额	机械费/元 单价	金额		
41		三通 DN1000×800	个	1	3 200.00	3 200.00			3 200.00	3 200.00				
42		承盘短管 DN800	个	1	1 551.00	1 551.00			1 551.00	151.00				
43		捅盘短管 DN800	个	2	2 081.00	4 162.00			2 081.00	4 162.00				
44	5-116	新旧管连接 DN400	处	3	701.12	2 103.36	509.86	1 529.58	142.15	426.45	49.11	147.33		
45		捅盘短管 DN400	个	3	714.25	2 142.75			714.25	2 142.75				
46	5-177	管道冲洗 DN800	100 m	5.00	582.63	2 913.15	83.81	419.05	498.82	2 494.10				
47	5-176	管道冲洗 DN600	100 m	6.00	356.98	2 141.88	72.99	437.94	283.99	1 703.94				
		小计				60 776.19		5 592.48		52 776.23		907.98		
48	5-174	管道冲洗 DN400	100 m	3.00	182.19	546.57	55.42	166.26	126.77	380.31				
59	5-159	管道试压 DN800	100 m	5.00	419.57	2 097.85	175.67	878.35	208.15	1 040.75	35.75	178.75		
50	5-158	管道试压 DN600	100 m	6.00	305.34	1 832.04	127.10	762.6	143.03	858.18	35.21	211.26		
51	5-156	管道试压 DN400	100 m	3.00	199.61	598.83	87.58	262.74	83.57	250.7	28.46	85.38		
52	1-366	土方回填	100 m³	93.45	549.39	51 340.49	315.74	29 505.90			233.65	21 834.59		
53	1-272	汽车运土方	1 000 m³	0.652	12 631.14	8 235.50					12 611.4	8 222.59		
54	1-49	人工装土	100 m³	6.52	377.52	2 461.43	377.52	2 461.43						
55	2-287	路面恢复	100 m²	47.57	809.53	38 509.34	631.95	30 061.86	75.96	3 613.42	101.62	4 834.06		
56		混凝土 C20	m³	727.82	200.90	146 219.04			200.90	146 219.04				
		小计				251 841.09		64 099.14		152 491.49				
		合计				1 592 827.59		295 671.37		1 129 827.63				

五、计算工程取费、汇总单位工程预算造价

本例题按 2000 年黑龙江省建筑安装工程费用定额,市政工程费用计算。见表 4.17。

表 4.17 给水工程费用计算表

代 号	费用名称	计算式	金额/元
(一)	直接费	按定额计算项目计算的基价之和	1 592 827.59
A	人工费	按定额项目计算的人工费之和	295 671.37
(二)	综合费用	A×35%(三类)	103 484.98
(三)	利润	A×28%(三类)	82 787.98
(四)	有关费用	1+…+10	171 641.56
1	远地施工增加费	A×23%	68 004.42
2	赶工措施增加费	A×10%	29 567.14
3	文明施工增加费	A×2%	5 913.43
4	集中供暖费等项费用		按各地、市规定
5	地区差价		按各地、市规定
6	材料差价		按各地、市规定
7	特种保健津贴	A×5%	14 783.57
8	预制构件增值税	按实际票据计算	按税务部门规定
9	其他	按有关规定计算	
10	工程风险系数	[(一)+(二)+(三)]×3%	53 373.02
(五)	劳动保险基金	[(一)+(二)+(三)+(四)]×3.32%	64 764.64
(六)	工程定额编制管理费、劳动定额测定费	[(一)+(二)+(三)+(四)]×0.16%	3 121.19
(七)	税金	[(一)+(二)+(三)+(四)+(五)+(六)]×3.44%	69 440.80
(八)	单位工程费用	(一)+(二)+(三)+(四)+(五)+(六)+(七)	2 088 068.77

[例题 2] 室内给排水工程施工图预算编制实例。

下面以某住宅楼为例,介绍室内给排水工程施工图预算的编制方法。

一、施工图与施工说明

(一)施工图

本题所用施工图,图 4.8 为一层给排水、热水供应平面图;图 4.9 为单元给排水、热水供应平面图;图 4.10 为给水系统图;图 4.11 为单元排水系统图;图 4.12 为热水供应系统图。

(二)施工说明

(1)生活给水管道。地上给水采用硬聚氯乙烯管(标注公称外径 de × 壁厚 δ),地下部分采用热镀锌钢管(标注公称直径用 DN△△△表示),埋地镀锌钢管刷热沥青两遍防腐。热水供应管道采用建筑给水交联聚乙烯管。阀门采用闸阀,型号为 Z15T - 1.0(1 MPa),本例热水供应系统(未编)作为习题课内容。

(2)生活排水管道。地上部分采用建筑排水硬聚氯乙烯管,地下部分采用排水承插铸铁管,埋地铸铁管除锈后刷热沥青两遍防腐。

(3)其他未见事宜,均执行国家颁发有关施工质量验收规范的规定。

二、划分与排列分项工程项目

(一)给水系统安装

1. 给水管道安装

(1)镀锌钢管安装。

(2)塑料管道安装。

2. 给水管道支架制作与安装

3. 管道消毒、冲洗

4. 法兰安装

5. 阀门安装

6. 水表组成、安装

(二)排水系统安装

1. 排水管道安装

(1)排水铸铁管道安装。

(2)排水塑料管道安装。

2. 浴盆安装

3. 洗脸盆安装

4. 洗涤盆安装

5. 坐式大便器安装

6. 地漏安装

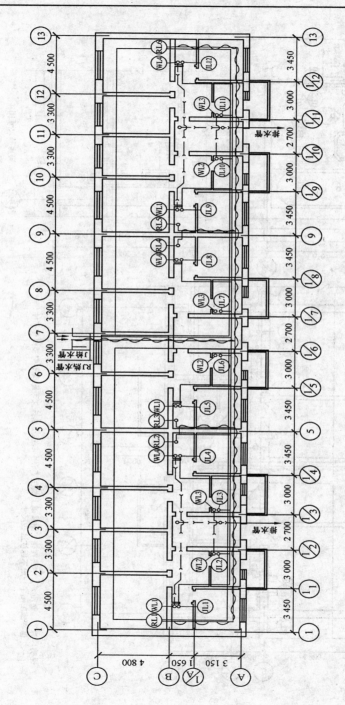

图 4.8 一层给排水、热水供应平面图
RL—热水立管;WL—污水立管;JL—给水立管

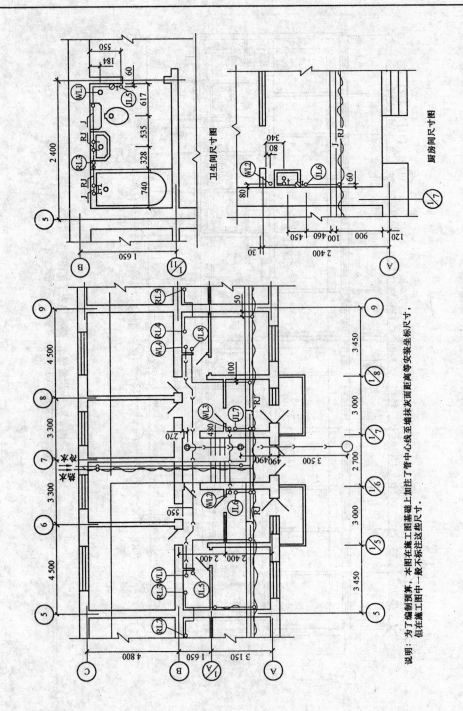

图4.9 单元给排水、热水供应平面图
J—给水管；RJ—热水给水管

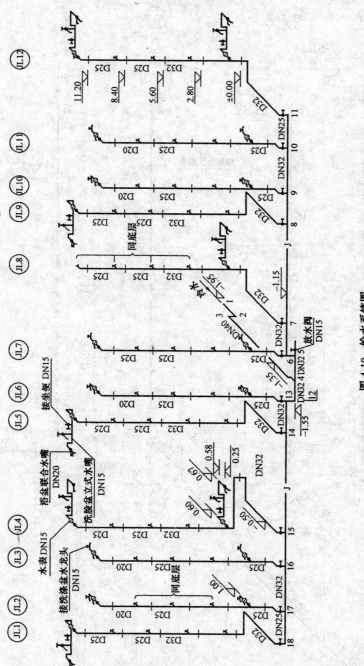

图 4.10 给水系统图

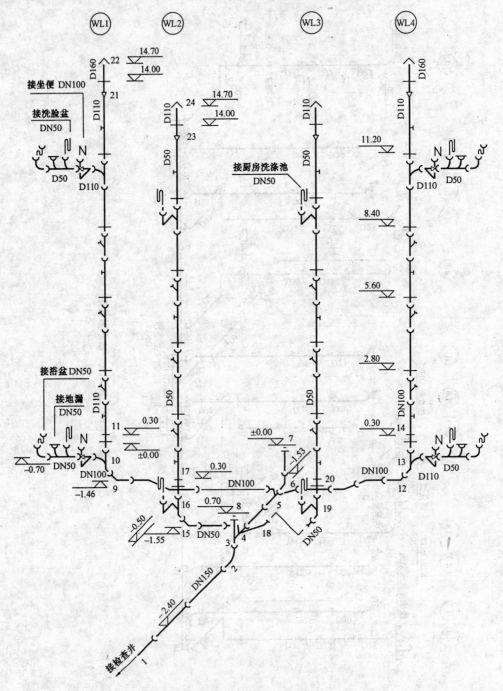

图 4.11 单元排水系统图

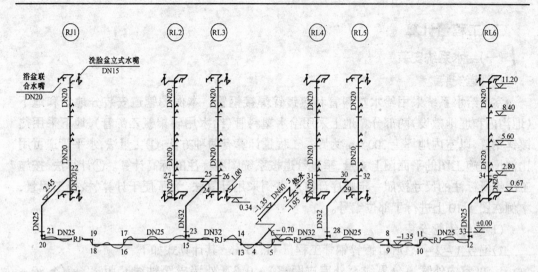

图 4.12 热水供应系统图

7.地面扫除口安装

(以上项目属于第八册定额范围)

(三)除锈、刷油工程

1.埋地镀锌钢管刷热沥青

2.管道支架除锈

3.管道支架刷防锈漆

4.管道支架刷银粉漆

5.排水铸铁管除锈

6.排水铸铁管刷沥青

(以上项目属于第十一册定额范围)

(四)热水供应系统安装

1.热水管道安装

(1)镀锌钢管安装。

(2)塑料管安装。

2.管道支架制作与安装

3.给水管道消毒与冲洗

4.法兰安装

5.阀门安装

(以上项目属于第八册定额范围)

三、工程量计算

(一)给水系统安装

1. 管道安装

室内给水系统采用给水塑料管和热镀锌焊接钢管。本例的管道安装分地上和地下(地沟内和埋地敷设)两部分。地上采用给水塑料管(给水用硬聚氯乙烯管),地下采用热镀锌钢管,以室内地坪上 300 mm 为界。工程量计算有两种方法:①丈量法,水平管道可用比例尺在施工图的平面图上丈量,垂直管道按系统图所标注的标高计算。②计算法,按施工图纸所标注的尺寸按照一定顺序计算。本例采用计算法,为了便于计算、核查工程量,本例在图 4.10 上进行了部位编号。

(1)镀锌钢管安装

1)编号 1-2-4,DN40 镀锌钢管工程量 11.25 m。其计算式如下:

1.50(室内外管道分界线至外墙皮距离) + 0.37(外墙皮至轴线Ⓒ距离) + (4.80 + 1.65 + 3.15)(轴线Ⓒ至轴线Ⓐ距离) - 0.12(轴线Ⓐ至外墙内表面距离) - 1.00(横向地沟宽度) + 0.10(地沟内横向干管中心至地沟内表面距离) + (1.95 - 1.35)(标高差) + (1.55 - 1.35)(标高差) = 11.25(m)

(如只做施工图预算,该管段的管道安装工程量计算到此结束。若还做施工预算或编制材料需用量计划,应同时分析该管段所需管件、管架数量,以下相同。)

其中,管件、管架数量(由图查得)为:镀锌三通 DN40×40,1 个;镀锌补芯 N40×32,2 个;镀锌弯头 DN40,4 个;单管支架 DN40,4 个。

2)编号 4-5-10,DN32 镀锌钢管工程量 17.93 m。其计算式如下:

2.70(楼梯间轴线 1/6 至轴线 1/7 距离) - 0.185(轴线 1/6 至楼梯间内墙表面距离) - 1.00(纵向地沟宽度) + 0.15(进户干管中心至地沟壁面距离) + (3.00×2 + 3.45×2 + 2.70)(轴线 1/7 至轴线 1/11 距离) + (0.185 + 0.02)(轴线 1/11 至厨房间左墙抹灰表面距离,其中 0.02 为墙抹灰面厚度) + 0.06(JL11 立管中心至厨房间左墙抹灰面距离,按水表中心至抹灰面距离确定的) + (1.55 - 1.15)(标高差) = 17.93(m)

其中,管件、管架数量为:镀锌三通 DN32×32,2 个;镀锌三通 DN32×25,2 个;镀锌三通 DN32×20,2 个;镀锌补芯 DN32×25,2 个;镀锌补芯 DN32×15,1 个;单管支架 DN32,4 个。

3)编号 10-11,DN25 镀锌钢管工程量 2.50 m。其计算式如下:

3.00(厨房间轴线 1/11 至轴线 1/12 距离) - (0.185 + 0.02 + 0.06)(JL11 立管中心至轴线 1/11 距离) - (0.12 + 0.02)(轴线 1/12 至厨房间右墙内抹灰面距离) - 0.10(地沟内编号 10 给水立管至厨房间左墙抹灰面距离) = 2.50(m)

其中,管件、管架数量为:镀锌补芯 DN32×25,1 个;镀锌弯头 DN25,1 个;单管支架

DN25,1个。

4)编号4-12-17,DN32镀锌钢管工程量17.30 m。其计算式如下:

1.00(地沟宽度)-0.15(进户干管中心至地沟壁面距离)+0.185(楼梯间左墙内表面至轴线1/6距离)+(3.00×2+3.45×2+2.70)(轴线1/6至轴线1/2距离)+(0.185+0.02)(轴线1/2至厨房间右墙内抹灰面距离)+0.06(地沟内编号17给水立管至厨房间右墙内抹灰面距离)+(1.55-1.15)(标高差)=17.30(m)

其中,管件、管架数量为:镀锌弯头DN32,1个;镀锌三通DN32×32,1个;镀锌三通DN32×25,2个;镀锌三通DN32×20,1个;单管支架DN32,4个。

5)编号17-18,DN25镀锌钢管工程量2.50 m。其计算式与编号10-11相同。

其中,管件、管架数量为:镀锌补芯DN32×25,1个;镀锌弯头DN25,1个;单管支架DN25,1个。

6)编号7、8、11、14、15、18节点至6个卫生间给水立管地面上300 mm的管道,其管径、长度均相同,所以只计算1根管再乘以6即可。DN25镀锌钢管工程量35.76 m。其计算式如下:

[(1.15+0.30)(地沟内给水干管中心至地面上300 mm处的标高差)+(3.15+1.65)(轴线Ⓐ至轴线Ⓑ的距离)-0.12(轴线Ⓐ至外墙内表面距离)-(1.00-0.10)(地沟内给水干管中心至外墙内表面距离)-(0.55+0.12)(卫生间内给水立管中心至轴线B的距离,参见图4.8卫生间尺寸图)+(3.45-2.40)(轴线1/5至卫生间内墙轴线距离)+(0.12+0.02+0.10)(地沟内给水立管中心至轴线1/5距离)+(0.03+0.02+0.06)(卫生间轴线至卫生间内给水立管中心距离)]×6(立管根数)=35.76(m)

其中,管件、管架数量为:镀锌弯头DN25,3×6(6根立管)=18(个)。

7)编号6、9、10、13、16、17节点至6个厨房间给水立管地面上300 mm的管道,其管径、长度均相同,所以只计算1根管再乘以6即可。DN20镀锌钢管工程量12.06 m。其计算式如下:

[(1.15+0.30)(地沟内给水干管中心至地面上300 mm处的标高差)+(0.10+0.46)(地沟内给水干管中心至厨房间JL6给水立管中心水平长度,参见图4.8厨房间尺寸图)]×6(立管根数)=12.06(m)

其中,管件、管架数量为:镀锌弯头DN20,2×6(6根立管)=12(个)。

(2)给水塑料管安装

1)卫生间内6根立管的管径、长度均相同,所以只计算1根管再乘以6即可。

①de32×2.4(相当于DN25镀锌钢管管径,以下相同)塑料管工程量35.40 m。其计算式如下:

[5.60(室内地坪至三层地面的标高差)-0.30(立管底部的镀锌钢管长度)+0.60(三层地面至三层分支三通中心高度)]×6(6根立管)=35.40(m)

其中,管件、管架数量为:塑料活套法兰 DN25(公称直径),1×6=6 副(6 根立管),用于镀锌钢管与塑料管之间连接;塑料异径三通 D25×20(承口公称直径,相当于 DN25×20 三通,以下相同),3×6=18(个);单管管卡 D32(相当于 DN25 管卡,以下相同),2(每层 2 个)×3(3 层)×6=36(个)。

②de25×2.3(相当于 DN20 钢管管径)塑料管工程量 33.60 m。其计算式如下:

[(11.20－5.60)(五层分支三通中心至三层分支弯头中心的标高差)]×6(6 根立管)=33.60(m)

其中,管件、管架数量为:塑料变径管 D32×25(承口公称直径,相当于 DN25×20 变径管),1×6=6(个);塑料异径三通 D25×25(承口公称直径,相当 DN20×20 变径管),1×6=6(个);单管管卡 D25(相当于 DN20 管卡),2(每层 2 个)× 2(2 层)× 6(6 根立管)=24(个)

2)卫生间内 6 根立管上支管的管径、长度均相同,所以只计算 1 根管再乘以 6 即可。

①de25×2.3(相当于 DN20 钢管管径)塑料管工程量 89.25m。其计算式如下:

[(0.55－0.05)(水表管段纵向长度,其中 0.05 为水平管中心至墙抹灰面距离)+2.40(卫生间的轴线距离)－(0.06+0.02+0.03)(水表管段中心至卫生间右墙轴线距离,其中 0.02 为抹灰面厚度)－(0.12+0.02)(轴线⑤至卫生间内墙抹灰面距离)－(0.74÷2)(卫生间内墙抹灰面至浴盆中心距离)－0.075(浴盆中心至混合水嘴冷水嘴中心距离)+(0.60－0.25)(标高差,水表管中心至卫生间横支管中心长度)+(0.67－0.25)(标高差,浴盆冷水嘴中心至卫生间横支管中心长度)]×5(每根立管 5 个卫生间)×6(6 根立管)=89.25(m)

其中,管件、管架数量为:塑料活接头 D25(相当于 DN20 活接头),1×5×6=30(个);塑料异径三通 D25×20(相当于 DN20×15 三通),2×5×6=60(个);塑料弯头 D25(相当于 DN20 弯头),[5(每个卫生间有 5 个弯头)×5(每个立管上有 5 个卫生间)+1(顶层卫生间 1 个)]×6(6 根立管)=156(个);勺弯 D25(相当于 DN20 勺弯),1×5×6=30(个)(过热水管处用);单管管卡 1325(相当于 DN20 管卡),3×5×6=90(个)。

②de20×2.3(相当于 DN15 钢管管径)塑料管工程量 24.30 m。其计算式如下:

[(0.51－0.25)(标高差,坐便给水立管长度)+(0.80－0.25)(标高差,洗脸盆给水立管长度)]×5×6=24.30(m)

其中,管件、管架数量为:塑料活接头 D20(相当于 DN15 管径),2×5×6=60(个);单管管卡 D20(相当于 DN15 管径),1×5×6=30(个)。

3)厨房间内 6 根立管的管径、长度均相同,所以只计算 1 根管再乘以 6 即可。

①de25×2.3(相当于 DN20 钢管管径)塑料管工程量 54.60 m。其计算式如下:

[8.40(室内地坪至四层地面的标高差)－0.30(立管底部的镀锌钢管长度)+1.00(五层地面至五层分支弯头中心高度)]×6(6 根立管)=54.60(m)

其中,管件、管架数量为:塑料活套法兰 1325(相当于 DN20 管径),1×6=6(副)(镀锌钢管与塑料管之间连接用);塑料异径三通 D25×20(相当于 DN20×15 三通),4×6=24(个);单管管卡 1325(相当于 DN20 管卡),9×6=54(个)。

②de20×2.3(相当于 DN15 钢管管径)塑料管工程量 16.80 m。其计算式如下:

[(11.20-8.4)(五层分支三通中心至五层分支弯头中心的标高差)]×6(6 根立管) = 16.80(m)

其中,管件、管架数量为:塑料变径管 D25×20(相当于 DN20×15 变径管),1×6=6(个);塑料弯头 D20(相当于 DN15 弯头),1×6=6(个);单管管卡 D20(相当于 DN15 管卡),3×6=18(个)。

4)厨房间内 6 根立管上支管的管径、长度均相同,所以只计算 1 根管再乘以 6 即可。D20(相当于 DN15 钢管管径)塑料管工程量 34.50 m。其计算式如下:

(0.10+0.60+0.45)(水表管段纵向长度,见图 4.9 厨房间尺寸图)×5(每根立管 5 个卫生间)×6(6 根立管) = 34.50(m)

其中,管件、管架数量为:塑料活接头 D20(相当于 DN15 活接头),1×5×6=30(个);塑料弯头 D20(相当于 DN15 弯头),1×5×6=30(个);单管管卡 D20(相当于 DN15 管卡),1×5×6=30(个)。

(3)给水系统管道规格、数量统计表,见表 4.18。

(4)给水系统管件、管架规格、数量统计表,见表 4.19。

表 4.18 给水管道安装工程量统计表

分项工程名称	规 格	单 位	数 量	其 中	
				地沟内(含埋地)	地 上
镀锌钢管	DN20	10 m	1.21	1.03	0.18
镀锌钢管	DN25	10 m	4.08	3.90	0.18
镀锌钢管	DN32	10 m	3.52	3.52	
镀锌钢管	DN40	10 m	1.13	1.13	
塑料管	de20×2.3	10 m	7.56		7.56
塑料管	de25×2.3	10 m	17.75		17.75
塑料管	de32×2.4	10 m	3.54		3.54
合计			38.79	9.58	29.21

表 4.19 给水管道管件与管架数量统计表

名 称	管件、管架规格数量/个			
镀锌弯头 90°	DN40(4个)	DN32(2个)	DN25(20个)	DN20(12个)
镀锌三通	DN40×40(1个)	DN32×32(3个)	DN32×25(4个)	DN32×20(4个)
镀锌补芯	DN40×32(2个)	DN32×25(2个)	DN32×20(2个)	DN32×15(1个)
塑料弯头 90°	D25(156个)	D20(36个)		
塑料勺弯	D25(30个)			
塑料活套法兰	DN25(6副)	DN20(6副)		
塑料异径三通	D32×25(18个)	D25×25(6个)	D25×20(84个)	
塑料变径管	D32×25(6个)	D25×20(6个)		
塑料活接头	D25(30个)	D20(90个)		
单管管卡	D32(36个)	D25(162个)	D20(78个)	
单管支架	DN40(4个)	DN32(8个)	DN25(2个)	

2.管道支架制作与安装

管道支架制作、安装工程量以 kg 为计量单位。在编制施工图预算中,管道≤DN32时,不计算支架制作安装工程量,管道为 DN40 时,要计算支架制作安装工程量。本例管道支架制作安装工程量为 3.28 kg,其计算式如下:

DN40 单管支架重量为:$0.82 \times 4 = 3.28 (kg)$。

3.管道消毒、冲洗

管道消毒、冲洗以 100 m 为计算单位。

本题的管道长度见表 4.18,DN50 以内管道消毒与冲洗工程量为 3.88(100 m)。

4.法兰安装

法兰安装以副为计算单位。可按施工图,经查点来确定其型号、规格及数量。本题 DN25 法兰安装 6 副、DN20 法兰安装 6 副,用于镀锌钢管与塑料管之间连接。

5.阀门安装

阀门安装以个为计量单位。可按施工图,经查点来确定其型号、规格及数量。本题阀门型号 Z15T-1.0,数量:DN40,1 个(用户引入口处设总阀,分支管不设阀门);DN25,6 个;DN20,6 个;DN15,1 个(泄水阀)。

6.水表组成、安装

水表组成、安装以组为计量单位。可按施工图,经查点来确定其型号、规格及数量。本题水表数量为:L×S-20 型 DN20,30 个;DN15,30 个;包括水表前阀门(Z1ST-1.0

DN20,30 个;DN15,30 个)安装。

(二)室内排水系统安装

该住宅楼排水系统按 3 个单元分设,各单元的安装形式、管道长度、管径相同,所以只计算 1 个单元的工程量再乘以 3 即可。

1.管道安装

室内排水系统采用建筑排水硬聚氯乙烯管和排水承插铸铁管,埋地铸铁管除锈后刷热沥青两遍防腐。本题的排水管道安装分为地上和地下(地沟内和埋地敷设)两部分。地上采用排水硬聚氯乙烯塑料管(简称 UPVC 管),地下采用排水承插铸铁管,以室内地坪上 300 mm 为界。本例采用计算法。为了便于计算、核查工程量,本题在图 4.11 上进行了部位编号。

(1)排水铸铁管安装

1)编号 1-2-5,DN150 排水铸铁管工程量 25.44 m。其计算式如下(见图 4.9):

[3.50(室外检查井中心至外墙皮距离)+0.37(外墙皮至轴线Ⓐ距离)+(3.15+1.65)(轴线Ⓐ至轴线Ⓑ距离)-(0.185+0.02)(轴线Ⓑ距离至间墙内抹灰面距离)-0.55(轴线 6 内墙抹灰面至排水横管中心距离,见图 4.8 单元给排水平面图)-0.255(DN150×100 斜四通主、支管交点至排水横管水平距离,见附录Ⅱ中 5 的管件组合尺寸图)+(2.40-1.58)(标高差)]×3 = 8.48×3(3 个单元)= 25.44(m)(如只做施工图预算,该管段管道安装工程量计算到此结束,以下相同)。

其中,管件、管架数量为:45°铸铁弯头 DN150,3×3(3 个单元)= 9(个);铸铁斜四通 DN150×150,1×3 = 3(个);铸铁斜四通 DN150×100,1×3 = 3(个);铸铁斜三通 DN150×150,1×3 = 3(个)。

2)编号 5-6-7,DN100 排水铸铁管工程量 5.61 m。其计算式如下:

[0.205(DN150×100 斜四通主、支管交点至四通端部承口水平长度,见附录Ⅱ中 5 的管件组合尺寸图)+0.16(DN150×100 变径管长度,见附录Ⅱ中 2 的管件尺寸图)+0.19(2 个 DN10045~铸铁弯头斜线组合长度,见附录Ⅱ中 3 的管件组合尺寸图)-(0.19×0.707×2)(2 个 DN10045~铸铁弯头斜线组合长度在水平、垂直方向的投影长度)+1.58(标高差)]=1.87×3(3 个单元)= 5.61(m)

其中,管件、管架数量为:45°铸铁弯头 DN100,2×3(3 个单元)= 6(个);铸铁扫除 DN100,1×3 = 3(个)

3)编号 3-8,DN100 排水铸铁管工程量 2.64 m。其计算式如下:

[(1.58-0.70)(标高差)]×3(3 个单元)= 2.64(m)

其中,管件、管架数量为:铸铁变径管 DN150×100,1×3(3 个单元)= 3(个)。

4)编号 5-9-11,DN100 排水铸铁管工程量 24.90 m。其计算式如下:

[(2.70+3.00+3.45)(轴线 1/7 至轴线⑤距离)-(0.185+0.02)(轴线 1/7 至楼梯间

内墙抹灰面距离)-0.48(楼梯间内墙抹灰面至排水排出管水平中心距离)-2.40(轴线⑤至卫生间内墙轴线距离,即卫生间轴线长度)+(0.12+0.02+0.15)(WL-1排水立管中心至卫生间内墙灰面距离)+0.19(2个DN100 45~铸铁弯头斜线组合长度,见附录Ⅱ中3的管件组合尺寸图)-(0.19×0.707×2)(2个DN100 45~铸铁弯头斜线组合长度在水平、垂直方向的投影长度)+(1.414-1)×(0.55-0.184)(水平排水管中部乙字弯管段斜线增加长度,见图4.9卫生间尺寸图)+0.11(DN150×100斜四通支管斜线增加长度,见表4.1)+(1.46+0.30)(标高差)]×3(3个单元)=24.90(m)

其中,管件、管架数量为:45°铸铁弯头 DN100,5×3(3个单元)=15(个),TY铸铁三通 DN100×100,1×3=3(个)。

5)编号5-12-14,DN100排水铸铁管工程量20.91 m。其计算式如下:

[(0.48+0.02+0.185)(楼梯间内排水排出管中心至轴线⑩水平距离)]+(3.00+3.45)(轴线⑩至轴线⑨距离)-2.40+(0.12+0.02+0.15)+0.19-(0.19×0.707×2)+(1.414-1)×(0.55-0.184)+0.11+(1.46+0.30)(标高差)=20.91(m)

其中,管件、管架数量为:45铸铁弯头 DN100,5×3(3个单元)=15(个);TY铸铁三通 DN100×100,1×3=3(个)。

6)编号4-15-17,DN50排水铸铁管工程量12.55 m。其计算式如下:

[2.70(轴线1/6至轴线1/7距离)-(0.48+0.02+0.185)(楼梯间内排水排出管中心至轴线1/7水平距离)+(0.185+0.02+0.08)(WL-2排水立管中心至轴线1/6距离)+0.10(DN150×50斜四通支管斜线增加长度,见表4.11)+0.16(2个DN50 45°铸铁弯头斜线组合长度)-(0.16×0.707×2)(2个DN50 45°铸铁弯头斜线组合长度在水平、垂直方向的投影长度)+(1.55+0.30)(标高差)]×3(3个单元)=12.55(m)

其中,管件、管架数量为:45°铸铁弯头 DN50,3×3(3个单元)=9(个);铸铁三通7个

编号4-18-20,DN50排水铸铁管工程量8.55 m。其计算式如下:

[(0.48+0.02+0.185)(楼梯间内排水排出管中心至轴线水平距离)+(0.185+0.02+0.08)(WL-3排水立管中心至轴线1/7距离)+0.10(DN150×50斜四通支管斜线增加长度,见表4.11)+0.16(2个DN50 45°铸铁弯头斜线组合长度)-(0.16×0.707×0.2)(2个DN50 45°铸铁弯头斜线组合长度在水平、垂直方向的投影长度)+(1.55+0.30)(标高差)]×3(3个单元)=8.55(m)

其中,管件、管架数量为:45°铸铁弯头 DN50,3×3=9(个),TY形铸铁三通 DN50×50,1×3=3(个)。

8)一层卫生间排水支管,DN100排水铸铁管工程量9.90 m,DN50排水铸铁管工程量17.86 m。其计算式如下,见图4.13。

①DN100排水铸铁管工程量:

[0.203(排水立管中心至DN100TY三通承口处长度,见附录Ⅱ中2的管件组合尺寸

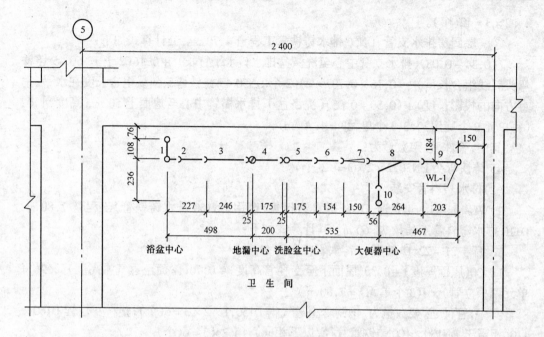

图 4.13 一层卫生间排水支管安装尺寸图(1:20)

图)+0.06(立管上 DN100TY 形三通支管斜线增加长度,见表 4.1)+0.264(TY 形三通承口至大便器中心距离)+(0.056+0.15)(大便器中心至变径管末端长度)+0.236(大便器支管水平长度)+0.06(编号 8、TY 形三通支管斜线增加长度)+0.70(大便器下立管长度)+0.19(2 个 DN45°铸铁弯头斜线组合长度)−(0.19×0.707×2)(2 个 DN100 45°铸铁弯头斜线组合长度在水平、垂直方向的投影长度)]×2(每单元两个卫生间相同)× 3(3 个单元)=9.90(m)

其中,管件、管架数量为:45°铸铁弯头 DN100,2×2×3=12(个);TY 形铸铁三通 DN100×100,1×2×3=6(个);铸铁变径管 DN100×50,1×2×3=6(个)。

② DN50 排水铸铁管工程量:

[0.535(坐便中心至洗脸盆中心距离)−(0.056+0.15)(坐便中心至变径管端部距离)+0.20(洗脸盆中心至地漏中心距离)+0.498(地漏中心至浴盆中心长度)+0.16(2 个 DN50 45°铸铁弯头斜线组合长度)−(0.16×0.707×2)(2 个 DN50 45°铸铁弯头斜线组合长度在水平、垂直方向的投影长度)+0.72(浴盆下排水横管中心至地面上 20 mm 高度)+0.70(地漏下排水横管中心至地面高度)+0.72(洗脸盆下排水横管中心至地面上 20 mm 高度)−0.11×2(2 个 TY 形三通垂直方向的高度)]×2(每单元 2 个卫生间)×3(3 个单元)=17.86(m)(浴盆下 S 形存水弯长度,已包括在浴盆安装内)

其中,管件、管架数量为:45°铸铁弯头 DN50,2×2×3=12(个);TY 形三通 DN50×50,

$2\times2\times3=12$(个)。

③一层厨房排水支管,DN50 排水铸铁管工程量 4.70 m。其计算式如下:

[(0.34-0.08)(排水立管中心至洗涤盆排水口水平管长)+0.16(2 个 DN50 45°铸铁弯头斜线组合长度)-(0.16×0.707×2)(2 个 DN50 45°铸铁弯头斜线组合长度在水平、垂直方向的投影长度)+(0.50+0.05)(洗涤盆下排水横管中心至地面上 50 mm 高度)]×2(每单元 2 个厨房)×3(3 个单元)= 4.70(m)

其中,管件、管架数量为:

45°铸铁弯头 DN50,$2\times2\times3=12$(个)。

(2)排水塑料管安装

1)WL-1、WL-4 立管,D160 排水塑料管(改用 DN150 排水铸铁管)工程量 7.80 m,D110 排水塑料管工程量 78.60 m。其计算式如下:

A.编号 21-22,D150 排水铸铁管:

[0.30(屋面厚度)+0.30(屋面下至变径管高度)+0.70(屋面至透气帽高度)]×2(每单元两根立管)×3(3 个单元)= 7.80(m)

其中,管件、管架数量为:钢制伞型透气帽 D150,$1\times2\times3=6$(个);塑料变径管 D160×110(相当于 DN150×100 铸铁管管径,以下相同),$1\times2\times3=6$(个)。

B.编号 11~21,D110(承口公称内径,相当于 DN100 铸铁管管径,以下相同)塑料管:

[14.00-0.30(屋面厚度)-0.30(顶层楼板底面至变径管端部高差)-0.30(地面上 300 mm 高度)]×2(每单元两根立管)×3(3 个单元)= 78.60(m)

其中,管件、管架数量为:45°塑料三通 D110×110(相当于 DN100×100 铸铁三通),4(每根立管上 4 个卫生间)×2×3=24(个);塑料伸缩节 D110(与 DN100 铸铁管配套使用),$5\times2\times3=30$(个);塑料检查口 D110(相当于 DN100 铸铁管管径),$3\times2\times3=18$(个);塑料立管管卡 D110,10(每层立管上 2 个管卡)×2×3=60(个)。

2)WL-2、WL-3 立管,D110 排水塑料管(改用 DN100 排水铸铁管)工程量 7.80 m,D50(承口公称内径,与 DN50 铸铁管配套使用)排水塑料管工程量 78.60 m。其计算式如下:

A.编号 23-24,D100 铸铁管:

[0.30(屋面厚度)+0.30(屋面下至变径管高度)+0.70(屋面至透气帽高度)]×2(每单元两个卫生间)×3(3 个单元)= 7.80(m)

其中,管件、管架数量为:钢制伞型透气帽 D100(与 DN100 铸铁管配套使用),$1\times2\times3=6$(个);塑料变径管 D110×50,(相当于 DN100×50 铸铁变径管),$1\times2\times3=6$(个)。

B.编号 17-23,D50(与 DN50 铸铁管配套使用)塑料管:

[(14.00-0.30)(屋面厚度)-0.30(顶层楼板底面至变径管端部高差)-0.30(地面上 300 mm 高度)]×2(每单元两个卫生间)×3(3 个单元)= 78.60(m)

其中,管件、管架数量为:45°塑料三通 D50×50(与 DN50×50 铸铁三通相同),4×2×3=24(个);塑料伸缩节 D50(与 DN50 铸铁管配套使用),5×2×3=30(个);塑料检查口 DN50(与 DN50 铸铁管配套使用),3×2×3=18(个);塑料立管管卡 D50.10(每层立管上2个管卡)×2×3=60(个)。

3)二层以上卫生间排水支管,D110(与 DN100 铸铁管配套使用)塑料管工程量 32.88 m,D50(与 DN50 铸铁管配套使用)塑料管工程量 65.52 m,见图 4.14;其计算式如下:

①D110(与 DN100 排水铸铁管配套使用)排水塑料管工程量:

[0.467(排水立管中心至大便器中心距离)+(0.055+0.10)(大便器中心至变径管距离)+0.236(大便器支管水平长度)+0.51(大便器下立管长度,即排水横管中心至地面上 10 mm 高度)]×8(每单元8个卫生间相同)×3(3个单元)=32.88(m)

②D50(与 DN50 铸铁管配套使用)排水塑料管工程量:

[0.535(坐便中至洗脸盆中心距离)-(0.055+0.10)(坐便中心至变径管端部距离)+0.20(洗脸盆中心至地漏中心距离)+0.498(地漏中心至浴盆中心距离)+0.114(洗脸盆支管水平长度)+0.52(浴盆下排水横管中心至地面上 20 mm 高度)+0.50(地漏下排水横管中心至地面高度)+0.52(洗脸盆下排水横管中心至地面上 20 mm 高度)]×8(每单元8个卫生间相同)×3(3个单元)=65.52(m)(浴盆下 S 形存水弯长度,已包括在浴盆安装内)

其中管件、管架数量为:45°塑料弯头 D110(与 DN100 铸铁管配套使用),3×8×3=72(个);45°塑料弯头 D50(与 DN50 铸铁管配套使用),2×8×3=48(个);90°塑料弯头 D50(与 DN50 铸铁管配套使用),1×8×3=24(个);90°塑料三通 D110×110(相当于 DN100×100 铸铁三通),1×8×3=24(个);90°塑料三通 D50×50(与 DN50×50 铸铁三通相同),2×8×3=48(个);塑料变径管 D110×50(相当于 DN100×50 铸铁三通),1×8×3=24(个);单臂吊架(塑料单管吊卡)D110,1×8×3=24(个);单管吊架(塑料单管吊卡)D50,1×8×3=24(个)。

4)二层以上厨房排水支管,D50(与 DN50 铸铁管配套使用)塑料管工程量 19.44 m。其计算式如下:

[(0.34-0.08)(排水立管中心至洗涤盆排水口水平管长度)+(0.50+0.05)(洗涤盆下排水横管中心至地面上 50 mm 高度)]×8(每单元8个厨房)×3(3个单元)=19.44(m)

其中,管件、管架数量为:45°塑料弯头 D50(与 DN50 铸铁配套使用),3×8×3=72(个);单管吊架(塑料单管吊卡)D50,1×8×3=24(个)。

(3)排水系统管道安装工程量统计表,见表 4.20。

(4)排水系统的管件与管架规格、数量统计表,见表 4.21。

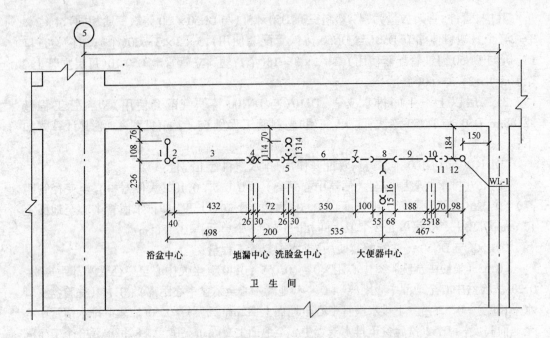

图 4.14 二至五层卫生间排水支管安装尺寸图(比例尺 1:20)

1—S 形存水弯 D50(乙);2—90°D50;3—排水直管 D50;4—90°三通 D50×50;5—90°三通 D50×50;
6—排水直管 D50;7—变径管 D110×50;8—90°三通 D110×110;9—排水直管 D110;10—45°弯头 D110;
11—排水直管 D110;12—45°三通 D110×110;13—排水直管 DN50;14—50°弯头 D50;
15—45°弯头 D110;16—排水直管 D110(均为塑料管和塑料管件)

表 4.20 排水管道安装工程量统计表

分项工程名称	规格	单位	数量	其中	
				地下	地上
铸铁管	DN50	10 m	4.36	4.18	0.18
铸铁管	DN100	10 m	6.91	6.73	0.18
铸铁管	DN150	10 m	3.32	3.32	
塑料管	D50	10 m	16.36		16.36
塑料管	D110	10 m	11.15		11.15
合计		10 m	42.10	14.23	27.87

表 4.21 排水管道管件与管架规格、数量统计表

名 称	管件、管架规格×数量/个		
铸铁斜四通	DN150×100(3个)	DN150×50(3个)	
铸铁斜三通	DN150×150(3个)		
铸铁TY三通	DN100×100(12个)	DN50×50(18个)	
铸铁变径管	DN150×100(6个)	DN100×50(6个)	
45°铸铁变头	DN150(9个)	DN100(48个)	DN50(42个)
伞型透气帽	D150(6个)	D100(6个)	
45°塑料三通	D110×110(24个)	DN50×50(24个)	
90°塑料三通	D110×110(24个)	D50×50(48个)	
塑料变径管	D160×110(6个)	D110×50(60个)	
45°塑料弯头	D110(72个)	D50(120个)	
90°塑料弯头	D50(24个)		
塑料伸缩节	D110(30个)	D50(30个)	
塑料检查口	D110(18个)	D50(18个)	
塑料立管管卡	D110(60个)	D50(60个)	
塑料单管吊卡	D110(24个)	D50(48个)	

2.浴盆安装

浴盆安装以组为计量单位。本例采用冷热水混合水嘴带喷头形式,工程量为30组(只做施工图预算,工程量到此结束,下同)。

其中,器具及附件数量为:钢板搪瓷浴盆 L=1 200 mm,30个;浴盆排水配件,30套;混合水嘴(带喷头),30套;S形塑料水弯 DN50,30个。

3.洗脸盆安装

洗脸盆安装以组为计量单位。本例采用钢管冷热水组成形式,洗脸盆安装工程量为30组。

其中,器具及附件数量为:陶瓷洗脸盆(510×410),30个;塑料存水弯 DN32,30个;排水栓(带链堵)DN32,30;洗脸盆托架 30 副;立式水嘴 DN15,30个。

4.洗涤盆安装

洗涤盆安装以组为计量单位。本题采用单水嘴连接形式,洗涤盆安装工程量为30组。

其中,器具及附件数量为:陶瓷洗涤盆(510×360),30个;排水栓(带链堵)DN32,30个;塑料存水弯 DN32,30个;洗涤盆托架 30 副;普通水嘴 DN15,30个。

5.坐式大便器安装

坐式大便器安装以组为计量单位。本题采用低水箱、钢管镶接形式,坐式大便器安装工程量为30组。

其中,器具及附件数量为:陶瓷坐便器 3#,30个;陶瓷低水箱 5#,30个;低水箱铜活,30套;塑料坐便器盖(带铜活),30套等。

6.地漏安装

地漏安装以个为计量单位。本例采用 DN50 地漏,工程量 30 个。

7.地面扫除口安装

扫除口安装以个为计量单位。本例采用地面扫除口(铜盖)DN100,工程量 6 个。

(三)除锈、刷油工程

1.镀锌钢管刷热沥青

给水系统中,镀锌钢管埋地(本例包括地沟内管道)时刷两遍热沥青,其计算单位为 m^2。埋地钢管规格、长度见表 4.18。埋地钢管刷热沥青工程量为 11.34 m^2,其计算式如下。

DN40 管道表面积:$1.508(m^2/10\ m)$(查附录一)$\times 1.13(10\ m) = 1.70(m^2)$

DN32 管道表面积:$1.327(m^2/10\ m)$(查附录一)$\times 3.52(10\ m) = 4.67(m^2)$

DN25 管道表面积:$1.052(m^2/10\ m)$(查附录一)$\times 3.90(10\ m) = 4.10(m^2)$

DN20 管道表面积:$0.840(m^2/10\ m)$(查附录一)$\times 1.03(10\ m) = 0.87(m^2)$

2.管道支架除锈与刷油

管道支架除锈、刷油以 kg 为计量单位。地沟内的支架除锈后,刷红丹防锈漆 2 遍;地上塑料给水管单管管卡、塑料排水管立管管卡无除锈刷油工程量,只计算排水横管吊架吊杆的除锈刷油工程量。吊杆除锈后,刷红丹防锈漆两遍,银粉漆两遍。吊杆为 $\phi 8$ 圆钢,长度分别为 0.45 m/根(DN110)、0.48 m/根(DN50)。

本例管道支架的型钢、圆钢规格与长度见表 4.22、表 4.23,管道支架除锈工程量为

表 4.22 支架型钢规格与长度表

管道类别	公称管径	型钢规格	型钢长度/mm
单管不保温管道	DN≤50	L40×4	375
单管保温管道	DN40-50	L50×5	505
	DN≤32	L40×4	475

表 4.23 支架圆钢规格与长度表

公称直径	50	40	32	25
$\phi 10$ 圆钢长度	220	190		
$\phi 8$ 圆钢长度			172	150

27.21 kg,刷红丹防锈漆工程量 27.21 kg,刷酚醛银粉漆工程量 13.37 kg。其计算式如下:

(1)给水管道支架除锈、刷防锈漆工程量为 13.842 kg。

1)DN40 单管支架,质量为 4.099 kg。

① L40×4 角钢质量:$2.42(kg/m) \times 0.375(m) \times 4(个)$(见表 4.19)$= 3.630(kg)$

② $\phi 10$ 圆钢卡箍质量:$0.617(kg/m) \times 0.19(m) \times 4(个)$(见表 4.19)$= 0.469(kg)$

2)DN32 单管支架,质量为 7.804 kg。

① L40×4 角钢质量:$2.42(kg/m) \times 0.375(m) \times 8(个) = 7.260(kg)$

② $\phi 8$ 圆钢卡箍质量:$0.395(kg/m) \times 0.172(m) \times 8(个) = 0.544(kg)$

3) DN25 单管支架,质量为 1.939 kg。
① L20×3 角钢质量:2.42(kg/m)×0.375(m)×2(个) = 1.820(kg)
② ø8 圆钢卡箍质量:0.395(kg/m)×0.150(m)×82(个) = 0.119(kg)
(2)排水管道吊架吊杆的除锈后刷红丹防锈漆与酚醛银粉漆工程量为 13.37 kg,其计算式如下:
① DN100 单管吊架吊杆的质量:0.395(ø8 圆钢质量 kg/m)×0.45(m/个)×24(个,见表 4.21) = 4.27(kg)
② DN50 单管吊架吊杆的质量:0.395(ø8 圆钢质量 kg/m)×0.48(m/个)×48(个) = 9.10(kg)

3.排水铸铁管道除锈与刷油

排水铸铁管道除锈、刷油以 m^2 为计量单位。本例地上管道除锈后刷红丹防锈漆与酚醛银粉漆各两遍,地下管道(含地沟内、埋地管道)除锈后刷沥青漆两遍。铸铁管除锈工程量 49.04 m^2,刷防锈漆、银粉漆工程量 1.00 m^2,刷沥青工程量 48.04 m^2,其计算式如下:

(1)刷防锈漆、银粉漆工程量:
① DN50 铸铁管表面积:1.885(m^2/10 m)×0.18(10 m,查表 4.20) = 0.34(m^2)
② DN100 铸铁管表面积:3.456(m^2/10 m)×0.18(10 m) = 0.622(m^2)
(2)刷沥青工程量:
① DN50 铸铁管表面积:1.885(m^2/10 m)×4.18(10 m,查表 4.20) = 7.88(m^2)
② DN100 铸铁管表面积:3.456(m^2/10 m)×6.73(10 m) = 23.26(m^2)
③ DN150 铸铁管表面积:5.089(m^2/10 m,查附录一)×3.32(10 m) = 16.90(m^2)

(四)工程量计算表

本例题住宅楼给排水工程的工程量计算表,见表 4.24。

(五)工程量汇总表

本例住宅楼给排水工程的工程量汇总表,见表 4.25。

四、套用定额单价计算定额直接费

1.所用定额和材料价格表
(1)本例所用定额为《全国统一安装工程预算定额》的第八册和第十一册。
(2)定额单价采用 2002 年哈尔滨市建设工程材料预算价格。
(3)工程造价按 2000 年黑龙江省颁发的《建筑安装工程费用定额》计费。
2.编制定额直接费计算表
本例定额直接费计算见表 4.26。表中按定额中规定系数计取的脚手架搭拆费如下:第八册定额,脚手架搭拆费按人工费的 5% 计算,其中人工费占 25%;第十一册定额,脚手架搭拆费:刷油工程费按人工费的 8% 计算,其中人工费占 25%。

五、计算安装工程取费、汇总单位工程预算造价定额直接费

室内给排水工程取费计算见表 4.27。施工图预算已编制完毕。另外,编制说明及施工图预算文本按顺序装订成册。

表4.24 工程量计算表

工程名称：室内给排水工程

部位编号	分项工程名称	计算式	单位	数量
（一）	给水系统安装			
1	管道安装			
（1）	镀锌钢管安装			
A.1-2-5	镀锌钢管 DN40	$1.50+0.37+(4.80+1.65+3.15)-0.12-1.00+0.10+(1.95-1.35)(标高差)+(1.55-1.35)(标高差)$	m	11.25
B.4-5-10	镀锌钢管 DN32	$2.70-0.185-1.00+0.15+(3.00\times3.45\times2+2.7)+(0.185+0.02)+0.06+(1.55-1.15)(标高差)$	m	17.93
C.10-11	镀锌钢管 DN25	$3.00-(0.185+0.02+0.06)-(0.12+0.02)-0.10$	m	2.50
D.4-12-17	镀锌钢管 DN32	$1.00-0.15+0.185+(3.00\times2+3.45\times2+2.70)+(0.185+0.02)+0.06+(1.55-1.15)(标高差)$	m	17.30
E.17-18	镀锌钢管 DN25	与编号10-11相同	m	2.50
F. 7、8、11、14、15、18 节点至地面上 300 mm	镀锌钢管 DN25	$[(1.15+0.30)(标高差)+(3.15+1.65)-0.12-(1.00-0.10)-(0.55+0.12)-(3.45-2.40)+(0.12+0.12+0.10)+(0.03+0.02+0.06)]\times6$	m	35.76
G. 6、9、10、13、16、17 节点至地面上 300 mm	镀锌钢管 DN20	$[(1.15+0.30)(标高差)+(0.10+0.46)]\times6$	m	12.06
（2）	给水塑料管安装			
①	卫生间内6根立管的长度			
A	塑料管 de32	$[(5.60-0.30)(标高差)+0.60]\times6(6根管)$	m	36.30

续表 4.24

工程名称:室内给排水工程

部位编号	分项工程名称	计算式	单位	数量
B	塑料管 de20	(11.20-5.60)(标高差)×6(6根管)	m	33.60
②	卫生间内6根立管上的支管长度			
A	塑料管 de25	[(0.55-0.05)+2.24-(0.06+0.02+0.03)-(0.12+0.02)-(0.74÷2)-0.075+(0.60-0.25)(标高差)+(0.67-0.25)(标高差)]×5(每立管上5个卫生间)×6(6根管)	m	89.25
B	塑料管 de20	[(0.51-0.25)+(0.80-0.25)(标高差)]×5×6	m	24.30
③	厨房间内6根立管长度			
A	塑料管 de25	[(8.40-0.30)(标高差)+0.60]×5×6	m	24.30
B	塑料管 de25	[(8.40-0.30)(标高差)+0.60]×5×6	m	24.30
④	厨房间内6根立管上的支管长度			
	塑料管 de20	(0.10+0.60+0.45)×5(每立管上5个卫生间)×6(6根管)	m	34.50
2	管道支架制作安装	[(8.40-0.30)(标高差)+0.60]×5×6	m	24.30
	DN40 单管支架	0.82(kg/个)×4(个)	kg	3.28
3	管道消毒与冲洗	见表 4.18	100 m	3.88
4	法兰安装			
	DN25 松套法兰	1×6	副	6
	DN20 松套法兰	1×6	副	6
5	阀门安装			
	DN15 闸阀	1×6(Z15T-1.0)	个	1
	DN20 闸阀	1×6(Z15T-1.0)	个	6

续表 4.24

工程名称:室内给排水工程

部位编号	分项工程名称	计算式	单位	数量
	DN25 闸阀	1×6(Z15T-1.0)	个	6
	DN40 闸阀	(Z15T-1.0)	个	1
6	水表组成安装			
	DN20 水表	1×6(LXS-20)	个	30
	DN15 水表	1×6(LXS-20)	个	30
(二)	排水系统安装			
1	管道安装			
(1)	排水铸铁管			
A.1-2-3	DN150 排水铸铁管	[3.5+0.37+(3.15+1.65)-(0.185+0.02)-0.55-0.255+(2.40-1.58)(标高差)]×3(3个单元)	m	25.44
B.5-6-7	DN100 排水铸铁管	[0.205+0.16+0.19-(0.19×0.707×2)+1.58(标高差)]×3(3个单元)	m	5.61
C.3-8	DN100 排水铸铁管	[(1.85-0.70)(标高差)]×3(3个单元)	m	2.64
D.5-9-11	DN100 排水铸铁管	[(2.70+3.00+3.45)-(1.85+0.02)-0.48-2.40+(0.12+0.02+0.15)+0.19-(0.19×0.707×2)+(1.414-1)×(0.55-0.184)+0.11+(1.46+0.30)(标高差)]×3(3个单元)	m	24.90
E.5-12-14	DN100 排水铸铁管	[(0.48+0.02+0.185)+(3.00+3.45)-2.40+(0.12+0.02+0.15)+0.19-(0.19×0.707×2)+(1.414-1)×(0.55-0.184)+0.11+(1.46+0.30)(标高差)]×3(3个单元)	m	20.91
F.4-15-17	DN50 排水铸铁管	[2.70-(0.48+0.02+0.185)+(0.185+0.02+0.08)+0.10+0.16-(0.16×0.707×2)+(1.55+0.30)(标高差)]×3(3个单元)	m	12.55

续表 4.24

工程名称:室内给排水工程

部位编号	分项工程名称	计算式	单位	数量
G.4-18-20		$[(0.48+0.02+0.185)+(0.185+0.02+0.08)+0.10+0.16-(0.16\times0.707\times2)+(1.55+0.30)(标高差)]\times3(3个单元)$	m	8.55
H.一层卫生间排水支管	DN50 排水铸铁管	$[(0.34-0.08)+0.04+016-(0.16\times0.707\times2)+(0.50+0.05)]\times2(每单元2个卫生间)\times3(3个单元)$	m	4.70
a	DN100 排水铸铁管	$[0.230+0.06+0.264+(0.056+0.15)+0.236+0.7+0.19-(0.19\times0.707\times2)]\times2(每单元2个卫生间)\times3(3个单元)$	m	9.90
b	DN50 排水铸铁管	$[0.535-(0.056+0.15)+0.20+0.498+0.04\times2+0.16-(0.16\times0.707\times2)+0.72+0.70+0.72-0.11\times2]\times2(每单元2个卫生间)\times3(3个单元)$	m	17.86
(2)	排水塑料管			
A. WL2、WL3 立管长度				
a.21-22	DN150 排水铸铁管	$[0.30+0.30+0.70]\times2(每单元2个卫生间)\times3(3个单元)$	m	7.80
b.11-21	D110 排水塑料管	$[14.00-0.30-0.30-0.30]\times2(每单元2个卫生间)\times3(3个单元)$	m	78.60
B.WL2、WL3 立管长度				
a.23-24	DN100 排水铸铁管	$[0.30+0.30+0.70]\times2(每单元2个卫生间)\times3(3个单元)$	m	7.80
b.17-23	D50 排水塑料管	$[14.00-0.30-0.30-0.30]\times2(每单元2个卫生间)\times3(3个单元)$	m	78.60

续表 4.24

工程名称:室内给排水工程

部位编号	分项工程名称	计算式	单位	数量
C.二层以上卫生间排水支管	D50 排水塑料管	$[(0.34-0.08)+(0.50+0.05)]\times 8$(每单元 8 个卫生间)$\times 3$(3 个单元)	m	19.44
a	D110 排水塑料管	$[0.467+(0.055+0.10)+0.236+0.51]\times 8$(每单元 8 个卫生间)$\times 3$(3 个单元)	m	32.88
b	D50 排水塑料管	$[0.535-(0.055+0.10)+0.20+0.498+0.144+0.52+0.50+0.52]$	m	65.52
2	浴盆安装	钢板搪瓷浴盆(L=1200 mm)	组	30
3	洗脸盆安装	陶瓷洗脸盆(510×410 mm)	组	30
4	洗涤盆安装	陶瓷洗涤盆(510×360 mm)	组	30
5	坐式大便器安装	陶瓷坐便(3 号)、陶瓷低水箱(5 号)	套	30
6	DN50 地漏安装		个	30
7	DN100 扫除口安装		个	10
(三)	除锈、刷油工程			
1	镀锌钢管刷沥青漆		m^2	11.34
	DN40 管道表面积	$1.508(m^2/10\ m,$查附录一$)\times 1.13(10\ m)$	m^2	1.70
	DN32 管道表面积	$1.327(m^2/10\ m,$查附录一$)\times 3.52(10\ m)$	m^2	4.67
	DN25 管道表面积	$1.052(m^2/10\ m,$查附录一$)\times 3.90(10\ m)$	m^2	4.10
	DN20 管道表面积	$0.840(m^2/10\ m,$查附录一$)\times 1.03(10\ m)$	m^2	0.87
2	管道支吊架除锈刷油			
(1)	给水管道支架除锈刷油		kg	13.84
A	DN40 单管支架质量		kg	4.099
	L40×4 角钢质量	$2.42(kg/m)\times 0.375(m)\times 4(个)$(见表 4.19)	kg	3.630
	φ10 圆钢重量	$0.617(kg/m)\times 0.19(m)\times 4(个)$(见表 4.19)	kg	0.469
B	DN32 单管支架质量		kg	7.804
	L40×4 角钢质量	$2.42(kg/m)\times 0.375(m)\times 8(个)$	kg	7.260

续表 4.24

工程名称:室内给排水工程

部位编号	分项工程名称	计算式	单位	数量
	φ8 圆钢重量	0.395(kg/m)×0.172(m)×8(个)	kg	0.544
C	DN25 单管支架质量		kg	1.939
	L40×4 角钢质量	2.42(kg/m)×0.375(m)×2(个)	kg	1.820
	φ8 圆钢重量	0.395(kg/m)×0.150(m)×2(个)	kg	0.119
(2)	排水管道吊架除锈刷油		kg	13.37
A	DN100 单管吊架吊杆质量	0.395(φ8 圆钢 kg/m)×0.45(m/个)×24(个)(见表4.21)	kg	4.27
B	DN50 单管吊架吊杆质量	0.395(φ8 圆钢 kg/m)×0.48(m/个)×48(个)(见表4.21)	kg	9.10
3	排水管道除锈、刷油			
(1)	排水管道除锈	(2)+(3)(见下面计算式)	m²	49.04
(2)	排水管道防锈漆、银粉漆		m²	1.00
	DN50 铸铁管道表面积	1.885(m²/10 m)×0.18(10 m)	m²	0.34
	DN100 铸铁管道表面积	3.456(m²/10 m)×0.18(10 m)	m²	0.66
(3)	排水管道刷沥青		m²	48.04
	DN50 铸铁管道表面积	1.885(m²/10 m,查附录一)×4.18(10 m)(见表4.20)	m²	7.88
	DN100 铸铁管道表面积	3.456(m²/10 m)×6.731 010 m	m²	23.26
	DN150 铸铁管道表面积	5.089(m²/10 m)×3.32(10 m)(见表4.20)	m²	16.90

表 4.25　工程量汇总表

工程名称：室内给排水工程

序号	分项工程名称	单位	数量	序号	分项工程名称	单位	数量
1	镀锌钢管安装(丝接)DN20	10 m	1.21	21	浴盆安装 $L=1\,400$	10组	3.0
2	镀锌钢管安装(丝接)DN25	10 m	4.08	22	洗脸盆安装(510×410)	10组	3.0
3	镀锌钢管安装(丝接)DN32	10 m	3.52	23	洗涤盆安装(510×360)	10组	3.0
4	镀锌钢管安装(丝接)DN40	10 m	1.13	24	坐式大便器安装	10组	3.0
5	给水塑料管安装 de20×2.3	10 m	7.56	25	地漏安装 DN50	10个	3.0
6	给水塑料管安装 de25×2.3	10 m	17.7	26	扫除口安装 DN100	10个	0.6
7	给水塑料管安装 de32×2.4	10 m	3.54	27	排水铸铁管道除锈	10 m²	4.9
8	排水铸铁管安装 DN50	10 m	4.36	28	管道支架除锈(轻锈)	100 kg	0.27
9	排水铸铁管安装 DN100	10 m	6.91	29	镀锌钢管刷热沥青(一遍)	10 m²	1.13
10	排水铸铁管安装 DN150	10 m	3.32	30	镀锌钢管刷热沥青(二遍)	10 m²	1.13
11	排水塑料管安装 D50	10 m	16.32	31	管道支架刷防锈漆(一遍)	100 kg	0.27
12	排水塑料管安装 D110	10 m	11.1	32	管道支架刷防锈漆(二遍)	100 kg	0.27
13	管道支架制作、安装	100	0.33	33	管道支架刷银粉漆(一遍)	100 kg	0.13
14	管道消毒冲洗 DN≤50 管道	100	3.88	34	管道支架刷银粉漆(二遍)	100 kg	0.13
15	阀门安装(丝接)DN15	个	1	35	铸铁管刷防锈漆(一遍)	10 m²	1.00
16	阀门安装(丝接)DN20	个	6	36	铸铁管刷银粉漆(一遍)	10 m²	1.00
17	阀门安装(丝接)DN25	个	6	37	铸铁管刷银粉漆(二遍)	10 m²	1.00
18	阀门安装(丝接)DN40	个	1	38	铸铁管刷沥青(一遍)	10 m²	4.80
19	水表组成安装(丝接)DN15	组	30	39	铸铁管刷沥青(二遍)	10 m²	4.80
20	水表组成安装(丝接)DN20	组	30				

表4.26 安装工程定额直接费计算表

工程名称：室内给排水工程

顺序号	定额编号	分项工程或费用名称	工程量 定额单位	工程量 数量	基价/元 定额单价	基价/元 总价	其中/元 人工费 单价	其中/元 人工费 金额	其中/元 材料费 单价	其中/元 材料费 金额	其中/元 机械费 单价	其中/元 机械费 金额
1	8-88	镀锌钢管安装 DN20	10 m	1.21	142.45	172.36	41.87	50.66	100.58	121.70		
2	8-89	镀锌钢管安装 DN25	10 m	4.08	188.49	769.04	50.34	205.39	136.50	556.92	1.65	6.73
3	8-90	镀锌钢管安装 DN32	10 m	3.52	225.47	793.66	50.34	177.20	173.48	610.65	1.65	5.81
4	8-91	镀锌钢管安装 DN40	10 m	1.13	263.84	298.13	59.95	67.74	202.24	228.53	1.65	1.86
5	省1-165	给水塑料管安装 de20×1.6	10 m	7.56	85.54	646.69	31.35	237.01	52.68	398.26	1.57	11.72
6	省1-166	给水塑料管安装 de25×1.6	10 m	17.35	105.62	1 832.51	33.40	579.49	70.71	1 226.82	1.51	26.20
7	省1-167	给水塑料管安装 de32×1.6	10 m	3.54	126.62	448.24	37.75	133.64	87.36	309.25	1.51	5.35
8	8-144	排水铸铁管安装 DN50	10 m	4.36	289.48	1 262.13	51.25	223.45	238.23	1 038.68		
9	8-146	排水铸铁管安装 DN100	10 m	6.91	532.18	3 677.37	79.16	547.00	463.02	3 130.37		
10	8-147	排水铸铁管安装 DN150	10 m	3.32	696.23	2 311.48	83.97	278.78	612.26	2 032.70		

续表 4.26

顺序号	定额编号	分项工程或费用名称	工程量 定额单位	工程量 数量	基价/元 定额单价	基价/元 总价	人工费 单价	人工费 金额	其中/元 材料费 单价	其中/元 材料费 金额	机械费 单价	机械费 金额
11	8-155	排水塑料管安装 D50	10 m	16.36	170.86	2 795.26	35.01	572.76	135.31	2 213.67	0.54	6.02
12	8-157	排水塑料管安装 D110	10 m	11.15	468.62	5 225.11	53.08	591.84	415.00	4 627.25	491.65	16.22
13	8-178	管道支架制作、安装	100 kg	0.033	892.07	29.44	232.00	7.66	168.42	5.56		
	030048	型钢综合价	T	0.003	2 273.28	7.50			2 273.28	7.50		
14	8-230	管道消毒、冲洗 DN50以下	100 m	3.88	20.28	78.68	11.90	46.17	8.38	32.51		
15	8-241	螺纹阀门安装 DN15	个	1	4.03	4.03	2.29	2.29	1.74	1.74		
	120940	闸阀价格(Z15T-1.6)DN15	个	1.01	8.11	8.19			8.11	8.19		
16	8-242	螺纹阀门安装 DN20	个	6	4.43	26.58	2.29	13.74	2.14	12.84		
	120941	闸阀价格(A15T-1.6)DN20	个	6.06	9.23	55.93			9.23	55.93		
17	8-243	螺纹阀门安装 DN25	个	6	5.57	33.42	2.75	16.50	2.82	16.92		

续表 4.26

顺序号	定额编号	分项工程或费用名称	工程量 定额单位	工程量 数量	基价/元 定额单价	基价/元 总价	其中/元 人工费 单价	其中/元 人工费 金额	其中/元 材料费 单价	其中/元 材料费 金额	其中/元 机械费 单价	其中/元 机械费 金额
	120942	闸阀价格(Z15T-1.6)DN25	个	6.06	12.28	74.42			12.28	74.42		
18	8-245	螺纹阀门安装DN40	个	1	11.39	11.39	5.72	5.72	5.67	5.67		
	120944	闸阀价格(Z15T-1.6)DN40	个	1.01	22.50	22.73			22.50	22.73		
19	8-357	螺纹水表组成安装DN15	组	30	16.34	490.20	7.78	233.40	8.56	256.80		
	120806	螺纹水表(LXS15C)DN15	个	30	39.67	1 190.10			39.67	1 190.10		
	120940	螺纹闸阀(Z15T-1.0)DN15	个	30.3	8.11	245.73			8.11	245.73		
20	8-358	螺纹水表组成安装DN20	组	30	18.84	565.20	9.15	274.50	9.69	290.70		
	120807	螺纹水表(LXS20C)DN20	个	30	42.76	1 282.80			42.76	1 282.80		
	120941	螺纹闸阀(Z15T-1.6)DN20	个	30.3	9.23	279.70			9.23	279.70		
21	8-375	浴盆安装	10组	3.0	1 182.44	3 547.32	255.11	765.33	927.33	2 781.99		

续表 4.26

顺序号	定额编号	分项工程或费用名称	工程量 定额单位	工程量 数量	基价/元 定额单价	基价/元 总价	其中/元 人工费 单价	其中/元 人工费 金额	其中/元 材料费 单价	其中/元 材料费 金额	其中/元 机械费 单价	其中/元 机械费 金额
	130025	钢板搪瓷浴盆 L=1 400 mm	个	30	523.39	1 570.17			523.39	1 570.17		
	130142	浴盆混合水嘴带喷头	套	30.3	293.64	8 897.29			293.64	8 897.29		
22	8-384	洗脸盆安装	10组	3.0	1 229.07	3 687.21	148.95	46.85	1 080.12	3 240.36		
	130012	洗脸盆价格（普釉550）	个	30.3	54.78	1 659.83			54.78	1 659.83		
23	8-391	洗涤盆安装	10组	3.0	518.25	1 554.75	99.07	297.21	419.18	1 257.54		
	130021	洗涤盆价格（普釉2#）	个	30.3	64.21	1 945.56			64.21	1 945.56		
24	8-414	坐式大便器安装	10套	3.0	469.36	1 408.08	183.73	551.19	285.63	856.89		
	130002	坐式大便器价格（普釉）	个	30.3	63.65	1 928.60			63.65	1 928.60		
	13008	低水箱价格（普釉）	个	30.3	51.41	1 557.72			51.41	1 557.72		
	130037	低水箱洁具价格（铜）	套	30.3	141.86	4 298.36			141.86	4 298.39		

续表 4.26

顺序号	定额编号	分项工程或费用名称	工程量 定额单位	数量	基价/元 定额单价	总价	人工费 单价	金额	其中/元 材料费 单价	金额	机械费 单价	金额
25	130078	坐便盖价格(木质)	个	30.3	39.09	1 184.43			39.09	1 184.43		
	8-447	地漏安装 DN50	10个	3.0	52.50	157.50	36.61	109.83	15.98	47.67		
	140371	地漏价格 DN50	个	30	10.59	317.70			10.59	317.70		
	8-447	扫除口安装 DN100	10个	0.6	24.14	14.48	22.19	13.31	1.95	1.17		
	8-453	扫除口安装 DN100 价格	个	6	6.54	39.24			6.54	39.24		
		小计				58 406.36		6 448.76		51 869.16		88.44
26		脚手架搭拆费	6 448.76×5%	322.44	25%	80.61	75%	241.83				
		第八册定额项目合计				58 728.80	1 627.01	6 529.37		52 110.99		88.44
27	11-2	排水铸铁管除锈(中锈)	10 m²	4.9	24.56	120.35	18.57	90.80	6.30	29.55		
28	11-7	管道支架除锈(轻锈)	100 kg	0.27	17.96	4.65	7.78	2.10	2.23	0.60	7.95	2.15

续表 4.26

顺序号	定额编号	分项工程或费用名称	工程量 定额单位	工程量 数量	基价/元 定额单价	基价/元 总价	其中/元 人工费 单价	其中/元 人工费 金额	其中/元 材料费 单价	其中/元 材料费 金额	其中/元 机械费 单价	其中/元 机械费 金额
29	11-72	镀锌钢管刷热沥青（一遍）	10 m²	1.13	72.73	82.19	20.36	23.01	52.37	59.18		
30	11-73	镀锌钢管刷热沥青（二遍）	10 m²	1.13	33.76	38.15	10.07	11.38	23.69	26.77		
31	11-117	管道支架刷防锈漆（一遍）	100 kg	0.27	31.55	8.52	5.26	1.42	18.34	4.95	7.95	2.15
32	11-118	管道支架刷防锈漆（二遍）	100 kg	0.27	28.05	7.58	5.03	1.36	15.07	4.07	7.95	2.15
33	11-122	管道支架刷银粉漆（一遍）	100 kg	0.13	19.54	2.53	5.03	0.65	6.56	0.85	7.95	1.03
34	11-123	管道支架刷银粉漆（二遍）	100 kg	0.13	18.59	2.41	5.03	0.65	5.61	0.73		
35	11-198	铸铁管刷防锈漆（一遍）	10 m²	1.0	22.25	22.25	7.55	7.55	14.70	14.70		
36	11-200	铸铁管刷银粉漆（一遍）	10 m²	1.0	17.88	17.88	7.78	7.78	10.10	10.10		
37	11-201	铸铁管刷银粉漆（二遍）	10 m²	1.0	16.59	16.59	7.55	7.55	9.04	9.04		
38	11-202	铸铁管刷沥青（一遍）	10 m²	4.8	37.11	178.13	8.24	39.55	28.87	138.58		

续表 4.26

顺序号	定额编号	分项工程或费用名称	工程量		基价/元		其中/元					
			定额单位	数量	定额单价	总价	人工费 单价	人工费 金额	材料费 单价	材料费 金额	机械费 单价	机械费 金额
39	36-203	铸铁管刷沥青（二遍）	10 m²	4.8	35.40	169.92	8.01	38.45	27.39	131.47		
		第十一册定额项目小计				671.35		232.25		430.59		8.51
		脚手架搭拆费		232.25×8%		18.58	25%	4.65	75%	13.93		
		第十一册定额项目合计				689.93		236.90		444.52		8.51
合计		给排水工程定额直接费总计				59 418.73		6 766.27		52 555.51		96.95

注：表中定额编号采用《全国统一安装工程预算定额》（表中简称定额）的编号，《全国统一安装工程预算定额》缺项的采用黑龙江省定额编号。直接费按黑龙江省建设工程预算定额费用计算。

表 4.27 建筑安装工程取费计算表

工程名称:室内给排水工程

序号	费用名称	计算式	金额/元
(一)	直接工程费		59 418.73
A	定额人工费		6 766.27
(二)	综合费用	A×34.8%(三类)	2 354.66
(三)	利润	A×28%(三类)	1 894.56
(四)	有关费用	1+2+3+4+5+6+7+8	7 488.70
1	远地施工增加费	A×(15~23)%	—
2	赶工措施增加费	A×5%	338.31
3	文明施工增加费	A×4%	270.65
4	集中供暖费等项费用	A×26.4%	1 786.30
5	地区差价	按各地市规定计算	—
6	材料差价	按各地市规定计算	—
7	其他	按各地市规定计算	—
8	工程风险系数	[(一)+(二)+(三)]×8%	5 093.44
(五)	劳动保险基金	[(一)+(二)+(三)+(四)]×3.32%	2 362.40
(六)	工程定额编制管理费、劳动定额测定费	[(一)+(二)+(三)+(四)]×0.16%	133.85
(七)	税金	[(一)+(二)+(三)+(四)+(五)+(六)]×3.41%	2 511.56
(八)	单位工程费用	(一)+(二)+(三)+(四)+(五)+(六)+(七)	76 164.46

思考题

1. 施工图预算编制的程序有哪些内容?
2. 施工图预算文件资料有哪些?
3. 编制施工图预算的依据是什么?
4. 施工预算、竣工决算的作用是什么?
5. 叙述材料的预算价格的内容,如何计算?
6. 施工图预算的编制说明应包括哪些内容?
7. 套用定额时应注意哪些问题?
8. 按图 4.8、图 4.9、图 4.12 编制热水工程施工图预算。

第五章　建设工程工程量清单计价

第一节　工程量清单计价概述

一、工程量清单

工程量清单是表现拟建工程的分部分项工程项目、措施项目以及其他项目名称和相应数量的明细清单,是招标人或受委托具有相应资质的中介机构按照《建设工程工程量清单计价规范》规定的统一项目编码、项目名称、计量单位、工程量计算规划编制的,工程量清单由分部分项工程量清单、措施项目清单以及其他项目清单组成。

工程量清单是编制招标标底和编制投标报价的依据,也是支付工程进度款和办理工程结算,调整工程量和工程索赔的依据。

二、工程量清单计价

工程量清单计价是投标人按招标文件规定,完成工程量清单所列项目的全部费用,它包括分部分项工程费、措施项目费和规费、税金。

工程量清单计价采用综合单价计价。

综合单价是指完成规定项目内容、计量单位所需要的人工费、材料费、机械费、管理费、利润及风险增加费用。

三、工程量清单计价的意义

(一)实行工程量清单计价是深化工程造价改革的产物

实行工程量清单计价,改革了我国长期以工程预算定额为计价依据的模式,改变了工程预算定额中存在国家指令性较多的状况和使用中的弊端。它采用企业自主报价的做法,正确反映了各个施工企业的实际消耗量,体现了施工企业的管理水平、技术水平和劳动生产率,也充分体现了市场公平竞争,适应工程招标投标的需要。

(二)实行工程量清单计价是规范市场、适应社会主义市场经济的需要

工程量清单计价是市场形成工程造价的主要形式,实行工程量清单计价,有利于发挥企业自主报价能力,实现政府定价到市场定价的转变;有利于规范业主在招标中的行为,有效改变招标单位在招标中弄虚作假、盲目压价、暗箱操作等行为,从而真正体现公开、公平、公正的原则,实现建设市场有序竞争。

实行工程量清单计价,有利于控制建设项目投资、合理利用资源,有利于施工技术的

进步和管理水平的提高；有利于提高施工企业人员的专业能力和素质。

(三)实行工程量清单计价是同国际接轨的需要

工程量清单计价是目前国际上通行的做法。随着我国加入WTO,我国市场将更有活力,逐步走向国际化,竞争更加激烈。为了增强我国施工队伍的竞争能力,要改变过去的做法,同国际接轨,实行工程量清单计价。这有利于提高工程建设管理水平,有利于提高各方建设主体参与国际竞争的能力。建筑产品的价格由市场形成是社会主义市场经济和适应国际惯例的需要。

(四)实行工程量清单计价有利于我国工程造价中政府职能的转变

实行工程量清单计价,将会有利于我国工程造价中政府职能的转变,由过去的政府控制的指令性定额转变为制定适应市场经济规律需要的工程量清单计价方法,由过去的行政干预转变为对工程造价进行依法监管,有效地强化了政府对工程造价的宏观调控。

四、工程量清单计价与定额预算计价的差别

(一)编制依据不同

"定额计价"依据施工图纸,人工、材料、机械费消耗量,依据建设行政主管部门颁发的预算定额；人工、材料、机械台班单价依据工程造价管理部门发布的价格信息进行计算。"清单计价"是根据工程量清单计价规范的规定,工程量清单、施工现场情况,合理的施工方法,企业定额、市场价格信息、主管部门发布的社会平均消耗量定额编制的。

(二)编制工程量单位不同

"定额计价"的工程量分别由招标单位和投标单位分别按施工图纸、预算定额、价格信息、费用定额等计算确定。"清单计价"是招标单位或委托有工程造价咨询资质单位统一计算,给出工程量清单,投标单位依据工程量清单、企业自身技术装备、施工经验、企业成本、企业定额、管理水平自主报价。

(三)编制工程量清单时间不同

"定额计价"是在发出招标文件后编制工程量清单,"清单计价"是在发出招标文件前编制工程量清单,是招标文件的重要组成部分。

(四)表现形式不同

"定额计价"一般采用工程总价形式,"清单计价"采用综合单价形式,综合单价包括人工费、材料费、机械费、管理费、利润,并考虑风险因素,报价直观,单价相对固定,工程量变化时,单价一般不作调整。

(五)费用组成不同

"定额计价"由直接费、现场经费、间接费、利润、税金组成。"清单计价"包括分部分项工程费、措施项目费、其他项目费、规费、税金；包括完成每项工程包含的全部工程内容的

费用;包括完成每项工程内容所需的费用;包括清单中没有体现的,施工中又必须发生的工程内容所需的费用,如因风险因素而增加的费用。

(六)评标方法不同

"定额计价"评标一般采用百分制评分法。"清单计价"评标一般采用合理低报价中标法,既要对总价进行评分,还要对综合单价进行分析评分。

(七)项目编码不同

"定额计价"的项目编码,采用现行预算定额项目编码,全国各省市采用不同的定额项目。"清单计价"的项目编码,全国实行统一编码,项目编码采用12位阿拉伯数字表示。1到9位为统一编码,其中,1、2位为附录顺序码,3、4位为专业工程顺序码,5、6位为分部工程顺序码,7~9位为分项工程项目名称顺序码,10~12位为清单项目名称顺序码。前9位为固定编码,后3位编码根据项目设置的清单项目由清单编制人编制。

(八)合同价格调整方式不同

"定额计价"合同价格调整方式有:变更签证、定额解释、政策性调整。"清单计价"合同价格调整方式主要是索赔,工程量清单的综合单价通过招标中报价的形式体现,一旦中标,报价作为签订施工合同的依据相对固定下来,工程结算按实际完成工程量乘以清单中相应单价计算。工程量清单计价单价不能随意调整。

(九)投标计算口径统一

因为各投标单位都是依据统一的工程量清单报价,达到了投标计算口径统一。避免了"定额计价"中各投标单位计算工程量不一致,难以正确评价其报价的准确性。

(十)索赔事件增加

因承包商对工程量清单单价包含工作内容一目了然,所以凡业主方不按清单内容施工的,任意要求修改清单,都会增加施工索赔的因素。

第二节 《建设工程工程量清单计价规范》简介

2003年2月17日由中华人民共和国建设部、中华人民共和国国家质量监督检验检疫总局联合发布国家标准《建设工程工程量清单计价规范》,编号 GB 50500—2003。以下简称"计价规范",3.2.6(1)条款为强制性条文,必须严格执行。

根据1.0.2、1.0.3条规定:本规范适用于建设工程工程量清单计价活动,全部使用国有资金投资或国有资金投资为主的大中型建设工程。

一、"计价规范"的主要内容

"计价规范"主要由两部分组成,两部分具有同等效力。

第一部分由总则、术语、工程量清单编制、工程量清单计价和工程量清单及其计价的表格组成,为正文部分。

第二部分由建筑工程、装饰工程、安装工程、市政工程、园林绿化工程组成,为附录部分。

1. 一般概念

工程量清单计价是建设工程在招标投标中,招标人或委托具有资质的中介机构编制反映工程实物消耗和措施消耗的工程量清单,并作为招标文件的一部分提供给招标人,由投标人依据工程量清单自主报价。

工程量清单计价采用综合单价计价,必须遵循编制工程量清单的原则,工程量清单计价原则和工程量清单及其计价格式的规定。

2. "计价规范"的各章内容

"计价规范"正文共分5章,附录分为5个工程量清单项目及计算规则。

二、"计价规范"的特点

(一)强制性

强制性主要表现在,"计价规范"明确工程量清单是招标文件的组成部分,并规定招、投标人在编制工程量清单时必须遵守的原则,做到统一项目编码、统一项目名称、统一计量单位、统一工程量计算规则的"四统一"。"计价规范"明确了建设行政主要部门按照强制性标准的要求批准颁发,规定全部使用国有资金或国有资金投资为大、中型建设工程按"计价规范"规定执行。

(二)实用性

"计价规范"明确了工程量清单项目及计算规则,项目明确清晰,工程量计算规则简洁明了,还明确了工程内容和项目特征,易于编制工程量清单。

(三)竞争性

"计价规范"中的措施项目一栏,具体采用的措施由投标人根据企业的施工组织设计,结合具体情况确定,为此这些项目在各个施工企业中各有不同,是企业竞争项目。

"计价规范"中的人工、材料和机械费没有具体消耗量,投标企业可以依据企业定额和市场价格信息,也可以参照社会平均消耗量定额报价,反映企业的竞争能力。

(四)通用性

"清单计价"将与国际惯例接轨,符合工程量清单计算的方法标准化、工程量计算规则统一化、工程造价确定市场化的规定。

第三节 工程量清单编制

一、工程量清单的编制

工程量清单由投标人或具有编制资质的工程造价咨询资质的单位编制。

(一)工程量清单编制原则

(1)工程量清单是对招标人和投标人都具有约束力的重要文件,是招、投标活动的依据,专业性强,内容复杂,为此,要求编制人的业务技术水平要高,或招标人委托具有相应资质的中介机构进行编制,这样才具有权威性和实际性。

(2)按《中华人民共和国招标投标法》规定,工程量清单必须全面反映投标报价要求,是招标文件不可分割的部分。

(3)编制工程量清单时,必须反映拟建工程的全部工程内容及为实现这些工程内容而进行的工作,应避免错项、漏项。

(二)工程量清单的组成

工程量清单是招标人根据施工图纸,按"计价规范"要求编制的。其组成内容如下。

1. 封面

工程量清单的封面格式见表5.1。

表 5.1 封面格式

```
_____  工程
                  工程量清单
招标人:_____  (单位签字盖章)
法定代表人:_____  (签字盖章)
中介机构:_____
法定代表人:_____  (签字盖章)
造价工程师
及注册证号:_____  (签字盖执业专用章)
编制时间:_____
```

2. 总说明

总说明主要阐述的内容为:工程概况、建设规模、工程特点、工期、编制依据、现场条件、特殊材料、新技术的应用、设备要求、工程量的确认、工程变更和其他说明等。总说明格式见表5.2。

表 5.2 总说明

工程名称：　　　　　　　　　　　　　　　　　　　　　　　第　页　共　页

3. 分部分项工程量清单

分部分项工程量清单包括的内容，应满足规范管理、方便管理的要求和满足计价的要求，要明确拟建工程的全部分部分项实物工程名称和相应数量，其格式见表 5.3。

表 5.3 分部分项工程量清单

工程名称：　　　　　　　　　　　　　　　　　　　　　　　第　页　共　页

序　号	项目编码	项目名称	计量单位	工程数量

4. 措施项目清单

措施项目清单是完成分部分项实物而必须采取的一系列措施性方案的清单。其措施项目清单由通用项目清单和专业项目清单组成，通用项目11项，专业项目各有不同，其格式见表 5.4。

表 5.4 措施项目清单

工程名称：　　　　　　　　　　　　　　　　　　　　　　　第　页　共　页

序号	项目名称

5. 其他项目清单

其他项目清单是招标人依据拟建工程的特点、实际情况提出有关特殊要求的项目清单。其格式见表 5.5。

表 5.5 其他项目清单

工程名称:　　　　　　　　　　　　　　　　　　　　　　　　　　　第　页　共　页

序号	项目名称

6.零星工作项目表

为完成招标人拟建工程量及准确计价,详细列出人工、材料、机械名称和相应数量,估算零星工作量或零星工作所需费用,其格式见表 5.6。

表 5.6 零星工作项目表

工程名称:　　　　　　　　　　　　　　　　　　　　　　　　　　　第　页　共　页

序号	名称	计量单位	数量
1	人工		
	小计		
2	材料		
	小计		
3	机械		
	小计		
	合计		

7.填表须知

(1)工程量清单所有表格中要求签字、盖章的地方,必须由规定的单位和人员签字、盖章。

(2)工程量清单所有表格中的任何内容不得随意删除或涂改。

三、工程量清单项目及计算规则

工程量清单应按"计价规范"规定的统一项目编码、项目名称、计量单位和工程量计算规则进行编制。

工程数量应按"计价规范"中规定的工程量计算规则计算,并应满足工程数量的有效位数。本书只介绍本专业相关的工程量清单计算规则。

(一)土方工程量清单计算规则

1. 土方工程

土方工程量清单项目设置及工程量计算规则,见表5.7.1。

表5.7.1 土方工程(编码:010101)

项目编码	项目名称	项目特征	计量单位	工程量计算规则	工程内容
010101001	平整场地	1. 土壤类别 2. 弃土运距 3. 取土运距	m²	按设计图示尺寸以建筑物首层面积计算	1. 土方挖填 2. 场地找平 3. 运输
010101002	挖土方	1. 土壤类别 2. 挖土平均厚度 3. 弃土运距	m³	按设计图示尺寸以体积计算	1. 排地表水 2. 土方开挖 3. 挡土板支拆 4. 截桩头 5. 基底钎探 6. 运输
010101003	挖基础土方	1. 土壤类别 2. 基础类型 3. 垫层底宽、底面积 4. 挖土深度 5. 弃土运距		按设计图示尺寸基础垫层底面积乘以挖土深度计算	
010101004	冻土开挖	1. 冻土厚度 2. 弃土运距		按设计图示尺寸开挖面积乘以厚度以体积计算	1. 打眼、装药、爆破 2. 开挖 3. 清理 4. 运输
010101005	挖淤泥、流沙	1. 挖掘深度 2. 弃淤泥、流沙距离		按设计图示位置、界限以体积计算	1. 挖淤泥、流沙 2. 弃淤泥、流沙

续表 5.7.1

项目编码	项目名称	项目特征	计量单位	工程量计算规则	工程内容
010101006	管沟土方	1.土壤类别 2.管外径 3.挖沟平均深度 4.弃土石运距 5.回填要求	m	按设计图示以管道中心线长度计算	1.排地表水 2.土方开挖 3.挡土板支拆 4.运输 5.回填

表 5.7.2 石方工程(编码:010102)

项目编码	项目名称	项目特征	计量单位	工程量计算规则	工程内容
010102001	预裂爆破	1.岩石类别 2.单孔深度 3.单孔装药量 4.炸药品种、规格 5.雷管品种、规格	m	按设计图示以钻孔总长度计算	1.打眼、装药、放炮 2.处理渗水、积水 3.安全防护、警卫
010102001	石方开挖	1.岩石类别 2.开凿深度 3.弃渣运距 4.光面爆破要求 5.基底摊座要求 6.爆破石块直径要求	m³	按设计图示尺寸以体积计算	1.打眼、装药、放炮 2.处理渗水、积水 3.解小 4.岩石开凿 5.摊座 6.清理 7.运输 8.安全防护、警卫
010102003	管沟石方	1.岩石类别 2.管外径 3.开凿深度 4.弃渣运距 5.基底摊座要求 6.爆破石块直径要求	m	按设计图示以管道中心线长度计算	1.石方开凿、爆破 2.处理渗水、积水 3.解小 4.摊座 5.清理、运输、回填 6.安全防护、警卫

表 5.7.3 土石方回填(编码:010103)

项目编码	项目名称	项目特征	计量单位	工程量计算规则	工程内容
010103001	土(石)方回填	1.土质要求 2.密实度要求 3.粒径要求 4.夯填(碾压) 5.松填 6.运输距离	m³	按设计图示尺寸以体积计算 注:1.场地回填:回填面积乘以平均回填厚度。 2.室内回填:主墙间净面积乘以回填厚度。 3.基础回填:挖方体积减去设计室外地坪以下埋设的基础体积(包括基础垫层及其他构筑物)	1.挖土方 2.装卸、运输 3.回填 4.分层碾压、夯实

2.给排水、采暖与燃气工程

给排水、采暖与燃气工程工程量清单项目设置及工程量计算规则,见表5.8.1。

表 5.8.1 给排水、采暖管道(编码:030801)

项目编码	项目名称	项目特征	计量单位	工程量计算规则	工程内容
030801001	镀锌钢管	1.安装部位(室内、外) 2.输送介质(给水、排水、热媒体、燃气、雨水) 3.材质 4.型号、规格 5.连接方式 6.套管形式、材质、规格 7.接口材料 8.除锈、刷油、防腐、绝热及保护层设计要求	m	按设计图示管道中心线长度以延长米计算,不扣除阀门、管件及各种井类所占长度;方形补偿器以其所占长度按管道安装工程量计算	1.管道、管件及弯管的制作、安装 2.管件安装 3.套管制作、安装 4.管道除锈、刷油、防腐 5.管道绝热及保护层安装、除锈、刷油 6.给水管道消毒、冲洗 7.水压及泄漏试验
030801002	钢管				
030801003	承插铸铁管				
030801004	柔性抗震铸铁管				
030801005	塑料管				
030801006	橡胶连接管				
030801007	塑料复合管				
030801008	钢骨架塑料复合管				
030801009	不锈钢管				
030801010	铜管				
030801011	承插缸瓦管				
030801012	承插水泥管				
030801013	承插陶土管				

表 5.8.2 管道支架制作安装(编码:030802)

项目编码	项目名称	项目特征	计量单位	工程量计算规则	工程内容
030802001	管道支架制作安装	1.形式 2.除锈、刷油设计要求	kg	按设计图示质量计算	1.制作、安装 2.除锈、刷油

表 5.8.3 管道工程(编码:030803)

项目编码	项目名称	项目特征	计量单位	工程量计算规则	工程内容
030803001	螺纹阀门	1.类型 2.材质 3.型号、规格	个	按设计图示数量计算(包括浮球阀、手动排气阀、液压式水位控制阀、不锈钢阀门、煤气减压阀、液相自动转换阀、过滤阀等)	安装
030803002	螺纹法兰阀门				
030803003	焊接法兰阀门				
030803004	带短管甲乙的法兰阀				
030803005	自动排气阀				
030803006	安全阀				
030803007	减压器	1.材质 2.型号、规格 3.连接方式	组	按设计图示数量计算	1.安装 2.托架及表底基础制作、安装
030803008	疏水器				
030803009	法兰		副		
030803010	水表		组		
030803011	燃气表	1.公用、民用、工业用 2.型号、规格	块		
030803012	塑料排水管消声器	型号、规格		按设计图示数量计算 注:方形伸缩器的两臂,按臂长的2倍合并在管道安装长度内计算	安装
030803013	伸缩器	1.类型 2.材质 3.型号、规格 4.连接方式	个		
030803014	浮标液面计	型号、规格	组	按设计图示数量计算	
030803015	浮漂水位标尺	1.用途 2.型号、规格	套		
030803016	抽水缸	1.材质 2.型号、规格	个		
030803017	燃气管道调长器	型号、规格			
030803018	调长器与阀门连接				

表 5.8.4 卫生器具制作安装(编码:030804)

项目编码	项目名称	项目特征	计量单位	工程量计算规则	工程内容
030804001	浴盆	1.材质 2.组装形式 3.型号 4.开关	组		器具、附件安装
030804002	净身盆				
030804003	洗脸盆				
030804004	洗手盆				
030804005	洗涤盆(洗菜盆)				
030804006	化验盆				
030804007	淋浴器	1.材质 2.组装形式 3.型号、规格	套		
030804008	淋浴间				
030804009	桑拿浴房				
030804010	按摩浴缸				
030804011	烘手机				
030804012	大便器				
030804013	小便器				
030804014	水箱制作安装	1.材质 2.类型 3.型号、规格		按设计图示数量	1.制作 2.安装 3.支架制作、安装及除锈、刷油
030804015	排水栓	1.带存水弯、不带存水弯 2.材质 3.型号、规格	组		安装
030804016	水龙头	1.材质 2.型号、规格	个		
030804017	地漏				
030804018	地面扫除口				
030804019	小便槽冲洗管制作安装		m		制作、安装
030804020	热水器	1.电能源 2.太阳能源	台		1.安装 2.管道、管件、附件安装 3.保温
030804021	开水炉	1.类型 2.型号、规格 3.安装方式			安装
030804022	容积式热交换器				1.安装 2.保温 3.基础砌筑
030804023	蒸汽—水加热器	1.类型 2.型号、规格	套		1.安装 2.支架制作、安装 3.支架除锈、刷油
030804024	冷热水混合器				
030804025	电消毒器		台		安装
030804026	消毒器				
030804027	饮水器		套		

表5.8.5 供暖器具(编码:030805)

项目编码	项目名称	项目特征	计量单位	工程量计算规则	工程内容
030805001	铸铁散热器	1.型号 2.除锈、刷油设计要求	片	按设计图示数量计算	1.安装 2.除锈、刷油
030805002	钢制闭式散热器				安装
030805003	钢制板式散热器		组		
030805004	光排管散热器制作安装	1.型号、规格 2.管径 3.除锈、刷油设计要求	m		1.制作、安装 2.除锈、刷油
030805005	钢制壁板式散热器	1.质量 2.型号、规格	组		安装
030805006	钢制柱式散热器	1.片数 2.型号、规格			
030805007	暖风机	1.质量 2.型号、规格	台		
030805008	空气幕				

表5.8.6 燃气器具(编码:030806)

项目编码	项目名称	项目特征	计量单位	工程量计算规则	工程内容
030806001	燃气开水炉	型号、规格	台	按设计图示数量计算	安装
030806002	燃气采暖炉				
030806003	沸水器	1.容积式沸水器、自动沸水器、燃气消毒器 2.型号、规格			
030806004	燃气快速热水器	型号、规格			
030806005	气灶具	1.民用、公用 2.人工煤气灶具、液化石油气灶具、天然气燃气灶具 3.型号、规格			
030806006	气嘴	1.单嘴、双嘴 2.材质 3.型号、规格 4.连接方式	个		

表 5.8.7 采暖工程系统调整(编码:030807)

项目编码	项目名称	项目特征	计量单位	工程量计算规则	工程内容
030807001	采暖工程系统调整	系统	系统	按由采暖管道、管件、阀门、法兰、供暖器具组成采暖工程系统计算	系统调整

说明:其他相关问题,应按下列规定处理。

(1)给排水管道室内外界限划分。以建筑物外墙皮1.5 m为界,入口处设阀门以阀门为界。与市政给水排水管道的界限应以水表井为界;无水表井的,应以市政给水管道碰头点为界。

(2)排水管道室内外界限划分。应以出户第一个排水检查井为界。室外排水管道与市政排水界限应以与市政管道碰头井为界。

(3)采暖热源管道室内外界限划分。应以建筑物外墙皮1.5 m为界,入口处设阀门以阀门为界;与工业管道界限的应以锅炉或泵站外墙皮1.5 m为界。

(4)燃气管道内外界限划分。地下引入室内和管道应以室内第一个阀门为界,地下引入室内的管道应以墙外三通为界;室外燃气管道与市政燃气管道应以两者的碰头点为界。

3.市政给水排水工程

市政给水排水工程工程量清单项目设置及工程量计算规则,见表5.9.1。

表 5.9.1 管道铺设(编码:040501)

项目编码	项目名称	项目特征	计量单位	工程量计算规则	工程内容
040501001	陶土管铺设	1.管材规格 2.埋设深度 3.垫层厚度、材料品种、强度 4.基础断面形式、混凝土强度等级、石粒最大粒径	m	按设计图示管道中心线长度以延长米计算,不扣除井所占的长度	1.垫层铺设 2.混凝土基础浇筑 3.管道防腐 4.管道铺设 5.管道接口 6.混凝土管座浇筑 7.预制管枕安装 8.井壁(墙)凿洞 9.检测及试验
040501002	混凝土管道铺设	1.管有无筋 2.规格 3.埋设深度 4.接口形式 5.垫层厚度、材料品种、强度 6.基础断面形式、混凝土强度等级、石粒最大粒径		按设计图示管道中心线长度以延长米计算,不扣除中间井及管件、阀门所占的长度	1.垫层铺设 2.混凝土基础浇筑 3.管道防腐 4.管道铺设 5.管道接口 6.混凝土管座浇筑 7.预制管枕安装 8.井壁(墙)凿洞 9.检测及试验 10.冲洗消毒或吹扫

续表 5.9.1

项目编码	项目名称	项目特征	计量单位	工程量计算规则	工程内容
040501003	镀锌钢管铺设	1.公称直径 2.接口形式 3.防腐、保温要求 4.埋设深度 5.基础材料品种、厚度	m	按设计图示管道中心线长度以延长米计算,不扣除管件、阀门、法兰所占的长度	1.基础铺设 2.混凝土基础浇筑 3.管道防腐 4.管道铺设 5.管道接口 6.混凝土管座浇筑 7.井壁(墙)凿洞 8.检测及试验 9.冲洗消毒或吹扫
04050104	铸铁管铺设	1.管材材质 2.管材规格 3.埋设深度 4.接口形式 5.防腐、保温要求 6.垫层厚度、材料品种、强度 7.基础断面形式、混凝土强度等级、石料最大粒径		按设计图示管道中心线长度以延长米计算,不扣除管件、阀门、法兰所占的长度	1.垫层铺设 2.混凝土基础浇筑 3.管道防腐 4.管道铺设 5.管道接口 6.混凝土管座浇筑 7.井壁(墙)凿洞 8.检测及试验 9.冲洗消毒或吹扫
040501005	钢管铺设	1.管材材质 2.管材规格 3.埋设深度 4.防腐、保温要求 5.压力等级 6.垫层厚度、材料品种、强度 7.基础断面形式、混凝土强度等级、石粒最大粒径		按设计图示管道中心线长度以延长米计算(支管长度从主管中心到支管末端交接处的中心),不扣除管件、阀门、法兰所占的长度	1.垫层铺筑 2.混凝土基础浇筑 3.混凝土管座浇筑 4.管道防腐、保温 5.管道铺设 6.管道接口 7.检测及试验 8.消毒冲洗或吹扫
040501006	塑料管道铺设	1.管道材料名称 2.管材规格 3.埋设深度 4.接口形式 5.垫层厚度、材料品种、强度 6.基础断面形式、混凝土强度等级、石粒最大粒径 7.探测线要求			1.垫层铺设 2.混凝土基础浇筑 3.管道防腐 4.管道铺设 5.按测线敷设 6.管道接口 7.混凝土管座浇筑 8.井壁(墙)凿洞 9.检测及试验 10.消毒冲洗或吹扫

续表 5.9.1

项目编码	项目名称	项目特征	计量单位	工程量计算规则	工程内容
040501007	砌筑渠道	1.渠道断面 2.渠道材料 3.砂浆强度等级 4.埋设深度 5.垫层厚度、材料品种、强度 6.基础断面形式、混凝土强度等级、石料最大粒径		按设计图示尺寸以长度计算	1.垫层铺设 2.渠道基础 3.墙身砌筑 4.止水带安装 5.拱盖砌筑或盖板预制、安装 6.勾缝 7.抹面 8.防腐 9.渠道渗漏试验
040501008	混凝土渠道	1.渠道断面 2.埋设深度 3.垫层厚度、材料品种、强度 4.基础断面形式、混凝土强度等级、石粒最大粒径			1.垫层铺设 2.渠道基础 3.墙身浇筑 4.止水带安装 5.渠盖浇筑或盖板预制、安装 6.抹面 7.防腐 8.渠道渗漏试验
040501009	套管内铺设管道	1.管材材质 2.管径、壁厚 3.接口形式 4.防腐要求 5.保温要求 6.压力等级	m	按设计图示管道中心线长度计算	1.基础铺筑(支架制作、安装) 2.管道防腐 3.穿管铺设 4.接口 5.检测及试验 6.冲洗消毒或吹扫 7.管道保温 8.防护
040501010	管道架空跨越	1.管材材质 2.管径、壁厚 3.跨越跨度 4.支承形式 5.防腐、保要求 6.压力等级		按设计图示管道中心线长度计算,不扣除管件、阀门、法兰所占的长度	1.支承结构制作、安装 2.防腐 3.管道铺设 4.接口 5.检测及试验 6.冲洗消毒或吹风 7.管道保温 8.防护
040501011	管道沉管跨越	1.管材材质 2.管径、壁厚 3.跨越跨度 4.支承形式 5.防腐要求 6.压力等级 7.标志牌灯要求 8.基础厚度、材料品种、规格			1.管沟开挖 2.管沟基础铺筑 3.防腐 4.跨越拖管头制作 5.沉管铺设 6.检测及试验 7.冲洗消毒或吹风 8.标志牌灯制作、安装
040501012	管道焊口无损探伤	1.管材外径、壁厚 2.探伤要求	口	按设计图示要求探伤的数量计算	1.焊口无损探伤 2.编写报告

表 5.9.2 管件、钢支架制作、安装及新旧管连接(编码:040502)

时间项目	项目名称	项目特征	计量单位	工程量计算规则	工程内容
040502001	预应力混凝土管转换件安装	转换件规格		按设计图示数量计算	安装
040502002	铸铁管件安装	1.类型 2.材质 3.规格 4.接口形式	个		安装
040502003	钢管件安装	1.管件类型 2.管径、壁厚 3.压力等级			1.制作 2.安装
040502004	法兰钢管件安装				1.法兰片焊接 2.法兰管件安装
040502005	塑料管件安装	1.管件类型 2.材质 3.管径、壁厚 4.接口 5.探测线要求			1.塑料管件安装 2.探测线敷设
040502006	钢塑转换件安装	转换件规格			安装
040502007	钢管道间法兰连接	1.平焊法兰 2.对焊法兰 3.绝缘法兰 4.公称直径 5.压力等级	处		1.法兰片焊接 2.法兰连接
040502008	分水栓安装	1.材质 2.规格			1.法兰片焊接 2.安装
040502009	盲(堵)板安装	1.盲板规格 2.盲板材料			1.法兰片焊接 2.安装
040502010	防水套管制作、安装	1.刚性套管 2.柔性套管 3.规格	个		1.制作 2.安装
040502011	除污器安装				1.除污器组成安装 2.除污器安装
040502012	补偿器安装	1.压力要求 2.公称直径 3.接口形式			1.焊接钢套筒补偿器安装 2.焊接法兰、法兰式波纹补偿器安装
040502013	钢支架制作、安装	类型	kg	按设计图示尺寸以质量计算	1.制作 2.安装

续表 5.9.2

时间项目	项目名称	项目特征	计量单位	工程量计算规则	工程内容
04050214	新旧管连接（碰头）	1.管材材质 2.管材管径 3.管材接口	处	按设计图示数量计算	1.新旧管连接 2.马鞍卡子安装 3.接管挖眼 4.钻眼攻丝
040502015	气体置换	管材内径	m	按设计图示管道中心线长度计算	气体置换

表 5.9.3 阀门、水表、消火栓安装（编码：040503）

时间项目	项目名称	项目特征	计量单位	工程量计算规则	工程内容
040504001	阀门安装	1.分称直径 2.压力要求 3.阀门类型	个	按设计图示数量计算	1.阀门解体、检查、清洗、研磨 2.法兰片焊接 3.操纵装置安装 4.阀门安装 5.阀门压力试验
040504002	水表安装	公称直径			1.丝扣水表安装 2.法兰片焊接、法兰水表安装
040504003	消火栓安装	1.部位 2.型号 3.规格			1.法兰片焊接 2.安装

表 5.9.4 井类、设备基础及出水口（编码：040504）

时间项目	项目名称	项目特征	计量单位	工程量计算规则	工程内容
040504001	砌筑检查井	1.材料 2.井深、尺寸 3.定型井名称、定型图号、尺寸及井深 4.垫层、基础：厚度、材料品种、强度	座	按设计图示数量计算	1.垫层铺筑 2.混凝土浇筑 3.养生 4.砌筑 5.爬梯制作、安装 6.勾缝 7.抹面 8.防腐 9.盖板、过梁制作、安装 10.井盖井座制作、安装
040504002	混凝土检查井	1.井深、尺寸 2.混凝土强度等级、石料最大粒径 3.垫层厚度、材料品种、强度			1.垫层铺筑 2.混凝土浇筑 3.养生 4.爬梯制作、安装 5.盖板、过梁制作安装 6.防腐涂刷 7.井盖井座制作、安装

续表 5.9.4

时间项目	项目名称	项目特征	计量单位	工程量计算规则	工程内容
040504003	雨水进水井	1.混凝土强度等级、石料最大粒径 2.雨水井型号 3.井深 4.垫层厚度、材料品种、强度 5.定型井名称、图号、尺寸及井深	座	按设计图示数量计算	1.垫层铺筑 2.混凝土浇筑 3.养生 4.砌筑 5.勾缝 6.抹面 7.预制构件制作、安装 8.井箅安装
040504004	其他砌筑井	1.阀门井 2.水表井 3.消火栓井 4.排泥湿井 5.井的尺寸、深度 6.井身材料 7.垫层、基础:厚度、材料品种、强度 8.定型井名称、图号、尺寸及井深	座	按设计图示数量计算	1.垫层铺筑 2.混凝土浇筑 3.养生 4.砌支墩 5.砌筑井身 6.爬梯制作、安装 7.盖板、过梁制作、安装 8.勾缝(抹面) 9.井盖及井座制作、安装
040504005	设备基础	1.混凝土强度等级、石料最大粒径 2.垫层厚度、材料品种、强度	m³	按设计图示尺寸以体积计算	1.垫层铺筑 2.混凝土浇筑 3.养生 4.地脚螺栓灌浆 5.设备底座与基础间灌浆
040504006	出水口	1.出水口材料 2.出水口形式 3.出水口尺寸 4.出水口深度 5.出水口砌体强度 6.混凝土强度等级、石料最大粒径 7.砂浆配合比 8.垫层厚度、材料品种、强度	处	按设计图示数量计算	1.垫层铺筑 2.混凝土浇筑 3.养生 4.砌筑 5.勾缝 6.抹面
040504007	支(挡)墩	1.混凝土强度等级 2.石料最大粒径 3.垫层厚度、材料品种、强度	m³	按设计图示尺寸以体积计算	1.垫层铺筑 2.混凝土浇筑 3.养生 4.砌筑 5.抹面(勾缝)

续表 5.9.4

时间项目	项目名称	项目特征	计量单位	工程量计算规则	工程内容
040504008	混凝土工作井	1.土壤类别 2.断面 3.深度 4.垫层厚度、材料品种、强度	座	按设计图示数量计算	1.混凝土工作井制作 2.挖土下沉定位 3.土方场内运输 4.垫层铺设 5.混凝土浇筑 6.养生 7.回填夯实 8.余方弃置 9.缺方内运

表 5.9.5 顶管(编码:040505)

项目编码	项目名称	项目特征	计量单位	工程量计算规则	工程内容
040505001	混凝土管道顶进	1.土壤类别 2.管径 3.深度 4.规格	m	按设计图示尺寸以长度计算	1.顶进后座及坑内工作平台搭拆 2.顶进设备安装、拆除 3.中继间安装、拆除 4.触变泥浆减阻 5.套环安装 6.防腐涂刷 7.挖土、管道顶进 8.洞口止水处理 9.余方弃置
040505002	钢管顶进	1.土壤类别 2.材质 3.管径 4.深度			
040505003	铸铁管顶进				
040505004	硬塑料管顶进	1.土壤类别 2.管径 3.深度			1.顶进后座及坑内工作平台搭拆 2.顶进设备安装、拆除 3.套环安装 4.管道顶进 5.洞口止水处理 6.余方弃置
040505005	水平导向钻进	1.土壤类别 2.管径 3.管材材质			1.钻进 2.泥浆制作 3.扩孔 4.穿管 5.余方弃置

表 5.9.6 构筑物(编码:040506)

项目编码	项目名称	项目特征	计量单位	工程量计算规则	工程内容
040506001	管道方沟	1.断面 2.材料品种 3.混凝土强度等级、石料最大粒径 4.深度 5.垫层、基础:厚度、材料品种、强度	m	按设计图示尺寸以长度计算	1.垫层铺筑 2.方沟基础 3.墙身砌筑 4.拱盖砌筑或盖板预制、安装 5.勾缝 6.抹面 7.混凝土浇筑

续表 5.9.6

项目编码	项目名称	项目特征	计量单位	工程量计算规则	工程内容
040506002	现浇混凝土沉井井壁及隔墙	1.混凝土强度等级 2.混凝土抗渗需求 3.石料最大粒径		按设计图示尺寸以体积计算	1.垫层铺筑、垫木铺设 2.混凝土浇筑 3.养生 4.预留孔封口
040506003	沉井下沉	1.土壤类别 2.深度		按自然地坪至设计底板垫层底的高度乘以沉井外壁最大断面积以体积计算	1.垫木拆除 2.沉井挖土下沉 3.填充 4.余方弃置
040506004	沉井混凝土底板	1.混凝土强度等级 2.混凝土抗渗需求 3.石料最大粒径 4.地梁截面 5.垫层厚度、材料品种、强度	m³		1.垫层铺筑 2.混凝土浇筑 3.养生
040506005	沉井内地下混凝土结构	1.所在部位 2.混凝土强度等级、石料最大粒径		按设计图示尺寸以体积计算	1.混凝土浇筑 2.养生
040506006	沉井混凝土顶板	1.混凝土强度等级、石料最大粒径 2.混凝土抗渗需求			1.混凝土浇筑 2.养生
040506007	现浇混凝土池底	1.混凝土强度等级、石料最大粒径 2.混凝土抗渗需求 3.池底形式 4.垫层厚度、材料品种、强度			1.垫层铺筑 2.混凝土浇筑 3.养生
040506008	现浇混凝土池壁(隔墙)	1.混凝土强度等级、石料最大粒径 2.混凝土抗渗需求			1.混凝土浇筑 2.养生
040506009	现浇混凝土池柱				
040506010	现浇混凝土池梁	1.混凝土强度等级、石料最大粒径 2.规格	m³	按设计图示尺寸以体积计算	1.混凝土浇筑 2.养生
040506011	现浇混凝土池盖				
040506012	现浇混凝土板	1.名称、规格 2.混凝土强度等级、石料最大粒径			

续表 5.9.6

项目编码	项目名称	项目特征	计量单位	工程量计算规则	工程内容
040506013	池槽	1.混凝土强度等级、石料最大粒径 2.池槽断面	m	按设计图示尺寸以长度计算	1.混凝土浇筑 2.养生 3.盖板 4.其他材料铺设
040506014	砌筑导流壁、筒	1.块体材料 2.断面 3.砂浆强度等级	m³	按设计图示尺寸以体积计算	1.砌筑 2.抹面
040506015	混凝土导流壁、筒	1.断面 2.混凝土强度等级,石料最大粒径	m³	按设计图示尺寸以体积计算	1.混凝土浇筑 2.养生
040506016	混凝土扶梯	1.规格 2.混凝土强度等级,石料最大粒径			1.混凝土浇筑或预制 2.养生 3.扶梯安装
040506017	金属扶梯、栏杆	1.材质 2.规格 3.油漆品种、工艺要求	t	按设计图示尺寸以质量计算	1.钢扶梯制作、安装 2.除锈、刷油漆
040506018	其他现浇混凝土构件	1.规格 2.混凝土强度等级、石料最大粒径	m³	按设计图示尺寸以体积计算	1.混凝土浇筑 2.养生
040506019	预制混凝土板	1.混凝土强度等级、石料最大粒径 2.名称、部位、规格			1.混凝土浇筑 2.养生 3.构件移动及堆放 4.构件安装
040506020	预制混凝土槽	1.规格 2.混凝土强度等级、石料最大粒径	m³	按设计图示尺寸以体积计算	
040506021	预制混凝土支墩				
040506022	预制混凝土异型构件				
040506023	滤板	1.滤板材质 2.滤板规格 3.滤板厚度 4.滤板部位	m²	按设计图示尺寸以面积计算	1.制作 2.安装
040506024	折板	1.折板材料 2.折板形式 3.折板部位			
040506025	壁板	1.壁板材料 2.壁板部位			
040506026	滤料铺设	1.滤料品种 2.滤料规格	m³	按设计图示尺寸以体积计算	铺设

续表 5.9.6

项目编码	项目名称	项目特征	计量单位	工程量计算规则	工程内容
040506027	尼龙网板	1.材料品种 2.材料规格	m^2	按设计图示尺寸以面积计算	1.制作 2.安装
040506028	刚性防水	1.工艺要求 2.材料品种			1.配料 2.铺筑
040506029	柔性防水				涂、贴、粘、刷防水材料
040506030	沉降缝	1.材料品种 2.沉降缝规格 3.沉降缝部位	m	按设计图示以长度计算	铺、嵌沉降缝
040506031	井、池渗漏试验	构筑物名称	m^3	按设计图示储水尺寸以体积计算	渗漏试验

表 5.9.7　设备安装(编码:040507)

项目编码	项目名称	项目特征	计量单位	工程量计算规则	工程内容
040507001	管道仪表	1.规格、型号 2.仪表名称	个	按设计图示数量计算	1.取源部件安装 2.支架制作、安装 3.套管安装 4.表弯制作、安装 5.仪表脱脂 6.仪表安装
040507002	格栅制作	1.材质 2.规格、型号	kg	按设计图示尺寸以质量计算	1.制作 2.安装
040507003	格栅除污机	规格、型号	台	按设计图示数量计算	1.安装 2.无负荷试运转
040507004	滤网清污机				
040507005	螺旋泵				
040507006	加氯机		套		
040507007	水射器	公称直径	个		
040507008	管式混合器				
040507009	搅拌机械	1.规格、型号 2.重量	台		
040507010	曝气器	规格、型号	个		

续表 5.9.7

项目编码	项目名称	项目特征	计量单位	工程量计算规则	工程内容
040507011	布气管	1.材料品种 2.直径	m	按设计图示以长度计算	1.钻孔 2.安装
040507012	曝气机	规格、型号	台	按设计图示数量计算	1.安装 2.无负荷试运转
040507013	生物转盘	规格			
040507014	吸泥机	规格、型号			
040507015	刮泥机				
040507016	辊压转鼓式吸泥脱水机				
040507017	带式压滤机	设备质量			
040507018	污泥造粒脱水机	转鼓直径			
040507019	闸门	1.闸门材质 2.闸门形式 3.闸门规格、型号	座	按设计图示数量计算	安装
040507020	旋转门	1.材质 2.规格、型号			
040507021	堰门	1.材质 2.规格			
040507022	升杆式铸铁泥阀	公称直径			
040507023	平底盖闸				
040507024	启闭机械	规格、型号	台		
040507025	集水槽制作	1.材质 2.厚度	m²	按设计图示尺寸以面积计算	1.制作 2.安装
040507026	堰板制作	1.堰板材质 2.堰板厚度 3.堰板形式			
040507027	斜板	1.材料品种 2.厚度			安装
040507028	斜管	1.斜管材料品种 2.斜管规格	m	按设计图示以长度计算	

续表 5.9.7

项目编码	项目名称	项目特征	计量单位	工程量计算规则	工程内容
040507029	凝水缸	1.材料品种 2.压力要求 3.型号、规格 4.接口	组	按设计图示数量计算	1.制作 2.安装
040507030	调压器	型号、规格			安装
040507031	过滤器				
040507032	分离器				
040507033	安全水封	公称直径			
040507034	检漏管	规格			
040507035	调长器	公称直径	个		
040507036	牺牲阳极、测试桩	1.牺牲阳极安装 2.测试桩安装 3.组合及要求	组		1.制作 2.测试

在工程量清单计算中,相关项目参见"计价规范"。

第四节 工程量清单计价

一、工程量清单计价

工程量清单计价是指建筑(装饰)工程、安装工程、市政工程等工程在施工招标活动中,招标人按规定的格式提供招标工程的分部工程量清单,投标人按工程价格的组成、计价规定自主投标报价。

(一)工程量清单报价表组成

1.封面

其格式见表 5.10。

表 5.10 封 面

_____ 工 程
工程量清单报价表
投标人:_____ (单位签字盖章)
法定代表人:_____ (签字盖章)
造价工程师 及注册证号:_____ (签字盖执业专用章)
编制时间:_____

2. 投标总价

其格式见表 5.11。

表 5.11 投标总价表

投标总价

建设单位：_____

工程名称：_____

投标总价(小写)：_____

（大写）：_____

投 标 人：_____ （单位签字盖章）

法定代表人：_____ （签字盖章）

编 制 时 间：_____

3. 工程项目总价表

其格式见表 5.12。

表 5.12 工程项目总价表

工程名称： 第 页共 页

序号	单项工程名称	金额/元
/	合计	

4. 单项工程费汇总表

其格式见表 5.13。

第五章　建设工程工程量清单计价

表 5.13　单项工程费汇总表

工程名称：　　　　　　　　　　　　　　　　　　　　　第　页 共　页

序号	单项工程名称	金额/元
	合计	

5.单位工程费汇总表

其格式见表 5.14。

表 5.14　单位工程费汇总表

工程名称：　　　　　　　　　　　　　　　　　　　　　第　页 共　页

序号	项目名称	金额/元
1	分部分项工程清单计价合计	
2	措施项目清单计价合计	
3	其他项目清单计价合计	
4	规费	
5	税金	
	合计	

6.分部分项工程量清单计价表

其格式见表 5.15。

表 5.15　分部分项工程量清单计价表

工程名称：　　　　　　　　　　　　　　　　　　　　　第　页 共　页

序号	项目编码	项目名称	计量单位	工程数量	金额/元	
					综合单价	合价
		本页小计				
		合计				

7. 措施项目清单计价表

其格式见表 5.16。

表 5.16 措施项目清单计价表

工程名称：　　　　　　　　　　　　　　　　　　　　　第　页　共　页

序　号	项目名称	金额/元
	合计	

8. 其他项目清单计价表

其格式见表 5.17。

表 5.17 其他项目清单计价表

工程名称：　　　　　　　　　　　　　　　　　　　　　第　页　共　页

序　号	项目名称	金额/元
1	招标人部分	
	小计	
2	投标人部分	
	小计	
	合计	

9. 零星工作项目计价表

格式见表 5.18。

表 5.18　零星工作项目计价表

工程名称：　　　　　　　　　　　　　　　　　　　第　页　共　页

序号	名称	计量单位	数量	金额/元	
				综合单价	合计
1	人工				
	小计				
2	材料				
	小计				
3	机械				
	小计				
	合计				

10. 分部分项工程量清单综合单价分析表

其格式见表 5.19。

表 5.19　分部分项工程量清单综合单价分析表

工程名称：　　　　　　　　　　　　　　　　　　　第　页　共　页

序号	项目编码	项目名称	工程内容	综合单价组成					综合单价
				人工费	材料费	机械使用费	管理费	利润	

11. 措施项目费用分析表

其格式见表 5.20。

表 5.20　措施项目费分析表

工程名称：　　　　　　　　　　　　　　　　　　　第　页　共　页

序号	措施项目名称	单位	数量	金额/元					
				人工费	材料费	机械使用费	管理费	利润	小计
	合计								

12. 主要材料价格表

其格式见表 5.21。

表 5.21 主要材料价格表

工程名称： 第 页 共 页

序 号	材料编码	材料名称	规格、型号等特殊要求	单 位	单价/元

(二)工程量清单计价表的填写要求

(1)工程量清单计价格式应由投标人填写,封面应按规定的内容填写、签字、盖章,投标总价应按工程项目总价表的合计金额填写。

(2)工程项目总价表中单项工程名称应按单项工程费汇总表的工程名称填写,表中金额应按单项工程费汇总表的合计金额填写。

(3)单项工程费汇总表中单位工程名称应按单位工程费汇总表的工程名称填写,表中金额按单位工程费汇总表的合计金额填写。

(4)单位工程汇总表中金额应按分部分项工程量清单计价表、措施项目清单计价表、其他项目清单计价表的合计金额和按有关规定计算的规费、税金填写。

(5)分部分项工程量清单计价表中的序号、项目编码、项目名称、计量单位、工程数量必须按分部分项工程量清单中的相应内容填写。

(6)措施项目清单计价表中的序号、项目名称必须按措施项目清单中的相应内容填写,投标人可根据施工组织设计采取的措施增加项目。

(7)其他措施项目清单计价表中的序号、项目名称必须按其他措施项目清单中的相应内容填写,投标人部分的金额必须按"计价规范"5.1.3 条中招标人提出的数额填写。

(8)零星工作项目计价表中的人工、材料、机械名称、计量单位和相应数量应按零星工作项目表中相应的内容填写,工程竣工后零星工作费应按实际完成的工程量所需费用计算。

(9)分部分项工程量清单综合单价分析表和措施项目费分析表,由投标人按招标人的要求填写。

(10)主要材料价格表,由招标人提供详细的材料编码、材料名称、规格型号和计量单位等,表中单位必须同工程量清单计价中采用的单位一致。

二、建设工程费用的组成及内容

建筑安装工程费用项目、费用构成如下。

(一)分部分项工程费

分部分项工程费,是指施工过程中消耗在构成工程实体上的各项费用。它主要由人工费、材料费和机械使用费组成。

1. 人工费

人工费,是指直接供给从事建筑安装工程施工的生产工人开支的各项费用。由基本工资、工资性补贴、辅助工资、职工福利费、劳动保护费等内容构成。

2. 材料费

材料费,是指施工过程中消耗在构成工程实体上的原材料、辅助材料、构配件、半成品等费用。由材料原价、材料运杂费、采购及保管费、检验试验费等内容构成。

3. 机械使用费

机械使用费,是指施工机械作业所发生的机械使用费及机械安拆费和运输费等。由材料费用折旧费、大修理费、经常修理费、中小机械安拆及场外运输费、操作人员工资、燃料动力费、养路费、汽车使用费等内容构成。

(二)措施项目费

措施项目费,是指为完成工程项目施工,发生在该工程施工前和施工过程中非工程实体项目的费用。它通常由定额措施项目费、一般措施项目费以及其他措施项目费组成。

1. 定额措施项目费

定额措施项目费由特、大型机械设备进出场及安拆费,混凝土、钢筋混凝土用支架费,脚手架费,施工排水、降水费、垂直运输费,建筑物超高费等内容构成。

2. 一般措施项目费

一般措施项目费由环境保护费、安全文明施工费、临时设施费、夜间施工费、二次搬运费、已完成工程及设备保护费、冬季施工费等内容构成。

3. 其他措施项目费

其他措施项目费,是指上述措施项目费未包括的其他措施项目(建设工程工程量清单计价规范规定的、各专业消耗量定额规定的以及其他措施项目)费。

(三)其他项目费

其他项目费由预留金(指业主为完成可能发生的工程量变更而预留的金额)、材料购置费(指业主自行采购材料的费用)、总承包服务费(指配合业主进行的工程分包和材料采购所需的费用)、零星工程项目费(指配合业主进行的工程分包和材料采购所需的费用)、零星工作项目费(指完成业主提出的零星工作项目所需费用)等内容构成。

(四)规费

规费,是指政府和有关权利部门规定必须缴纳的费用。由工程排污费、工程定额测定费、社会保险费(养老保险费、失业保险费、医疗保险费)、住房公积金、危险作业意外伤害保险费等内容构成。

(五)管理费

管理费,是指企业组织施工生产和经营管理所需的费用。由管理人员工资、办公费、差旅交通费、固定资产使用费、工具用具使用费、劳动保险费、工会经费、职工教育经费、财产保险费、财务费、税金以及其他费用(包括技术转让费、技术开发费、业务招待费、绿化费、广告费、公证费、法律顾问费、审计费、咨询费)等内容构成。

(六)利润

利润,是指企业完成所承包工程而获得的盈利。

(七)税金

税金,是指国家税法规定的应计入建筑安装工程造价内的营业税、城市维护建设税及教育附加费等费用。

上述费用可分为两类。

1. 不可竞争性费用

不可竞争性费用主要由企业营业税、城乡维护建设税、教育附加费、劳动保险费、财产保险费、工程保险费、职工教育费、工程排污费、定额管理费等组成。不可竞争性费用是法定性费用,企业可根据国家有关规定计取。

2. 竞争性费用

竞争性费用主要有两项:①企业和现场管理费用(包括管理人员工资、办公费、差旅交通费、固定资产使用费、工具用具使用费、财务费等);②施工措施性费用(包括临时设施费、垂直运输机械费、建筑物超高费、大型机械进出场费、脚手架搭拆费、冬雨季施工增加费、夜间施工增加费、材料二次搬运费、检验试验费、特殊工种培训费、特殊地区施工增加费等)。竞争性费用不是法定性费用,可根据本企业的经营管理能力,由企业自主计费。

三、建设工程清单计价程序

以黑龙江省建筑安装工程工程量清单计价为例,介绍如下。

1. 综合单价计价程序

分部分项工程、定额措施(其他措施)项目、零星工作项目的综合单价计价程序,见表5.22。

表 5.22 综合单价计价程序

序号	项目名称	计算式	备注
1	人工费	∑工日消耗量 × 人工单价	人工单价:26.57元/工日
2	材料费	∑材料消耗量 × 材料单价	
3	机械费	∑机械消耗量 × 台班单价	
4	管理费	1 × 费率	
5	利润	1 × 利用率	
6	综合单价	1 + 2 + 3 + 4 + 5	

2. 单位工程计价程序

单位工程计价程序,见表 5.23。

表 5.23 单位工程计价程序

序号	项目名称	计算式	备注
一	分部分项工程费	∑分部分项工程量 × 相应综合单价	
A	其中:人工费	∑工日消耗量 × 人工单价	人工单价:26.57元/工日
二	措施项目费	1 + 2 + 3	
1	定额措施项目费	∑工程量 × 相应综合单价	
2	一般措施项目费	A × 费率	
3	其他措施项目费	∑工程量 × 相应综合单价	
三	其他项目费	4 + 5 + 6 + 7	
4	预留金	根据实际情况确定	
5	材料购置费	根据实际情况确定	
6	总承包服务费	根据实际情况确定	
7	零星工作项目费	∑工程量 × 相应综合单价	
四	规费	8 + 9 + 10 + 11 + 12	
8	工程排污费	按有关规定计算	
9	工程定额测定费	(一 + 二 + 三) × 0.1%	
10	社会保险费	① + ② + ③	
①	养老保险费	(一 + 二 + 三) × 3.32%	

续表 5.23

序号	项目名称	计算式	备注
②	失业保险费	按有关规定计算	
③	医疗保险费	按有关规定计算	
11	住房公积金	按有关规定计算	
12	危险作业意外伤害保险费	按有关规定计算	
五	税金	(一+二+二+四-10)×3.41%(市区)	县城、镇:3.55% 县城、镇以外:3.22%
六	单位工程费用	一+二+二+四+五	

四、标底与报价的编制

(一)标底编制

(1)标底的编制应依据国家建设行政主要部门颁发的计价办法。

(2)人工、材料、施工机械台班单价根据建设行政主管部门发布的市场指导价格进行计算。

(3)人工、材料、施工机械台班的消耗量根据国家制定的定额计算。

(4)项目措施费根据工程特点和需要,按照建设行政主管部门颁发的参考规定计算。

(5)标底只作为一个控制最高限价,各投标单位的报价不能超过最高限价。

(二)报价编制

(1)人工、材料、施工机械台班的消耗量根据企业定额或参照建设行政主管部门颁发的定额计算。

(2)人工、材料、施工机械台班单价由企业根据市场价格情况自己确定。

(3)项目措施费由企业根据自身技术力量、管理水平和工程的实际情况、施工方案、风险程度自主确定。

(4)投标人的报价不得低于本企业的成本。

第五节 工程量清单计价编制实例

[例题1] 室内给排水工程工程量清单报价编制实例。

在工程量清单计价时,通常由建设单位提供的招标文件中给出该工程计价所需的工程量清单。投标单位根据标书中规定的施工图纸和招标文件要求,首先对工程量清单进

第五章 建设工程工程量清单计价

行核实。本例以室内给排水安装工程(见第四章例题 2)工程量清单编制的投标报价实例。

投标总价

建设单位:×××市××小区房地产开发公司

工程名称:××住宅楼给排水安装工程

投标总价(小写):87 614.04 元

　　　　　　(大写):捌万柒仟陆佰壹拾肆圆零肆分

投标人:×××市××水电设备安装公司　　　　(单位签字盖章)

法定代表人:王×× 　　　　　(签字盖章)

编制时间:2004 年 6 月 1 日

1.工程量清单计价编制总说明

总说明

工程名称:×××工程室内给排水安装工程

(1)编制依据

1)建设单位提供的某工程室内给排水施工图,招标邀请书,招标答疑,该住宅楼室内给排水工程的工程量清单及招标文件。

2)主要材料消耗量,按 2004 年颁发的《黑龙江省统一安装工程材料消耗量定额》计取。

3)单位工程费用,参照 2004 年颁发的《黑龙江省建筑安装工程费用项目组成及计算规则》取费。

4)主要材料价格,按我公司掌握的市场信息和参照 2004 年 2 月颁发的《哈尔滨工程造价信息》确定。

(2)编制说明

1)经核算,招标书所提供该住宅楼室内给排水工程"工程量清单"中的工程数量基本无误。

2)我公司编制的该工程施工方案与标底的施工方案相近,措施项目的报价与标底基本一致。

3)按我公司掌握的市场信息,管材价格趋于上涨。所以,钢材报价在标底价的基础上,上浮 20%;但比目前建筑市场材料供应价偏低 5%。

4)其他主要材料价均在 2004 年 2 月《哈尔滨工程造价信息》的基础上,上下浮动 2%。

5)按公司目前的资金和技术能力,规费中,仅计取养老保险费;措施费中,仅计取冬雨季施工增加费。

2.单位工程计价费用汇总表

单位工程计价费用汇总表,见表 5.24。

表5.24 单位工程费用计价表

工程名称：室内给排水安装工程

序号	项目名称	计算式	备注
一	分部分项工程费		81 950.42
A	其中：人工费	$\sum$工日消耗量×人工单价	2 239.85
二	措施项目费	1+2+3	51.96
1	定额措施项目费	$\sum$工程量×相应综合单价	—
2	一般措施项目费	A×12.81%	51.96
3	其他措施项目费	$\sum$工程量×相应综合单价	—
三	其他项目费	4+5+6+7	—
4	预留金	根据实际情况确定	—
5	材料购置费	根据实际情况确定	—
6	总承包服务费	根据实际情况确定	—
7	零星工作项目费	$\sum$工程量×相应综合单价	—
四	规费	8+9+10+11+12	2 722.48
8	工程排污费	按有关规定计算	—
9	工程定额测定费	(一+二+三)×0.1%	—
10	社会保险费	①+②+③	—
①	养老保险费	(一+二+三)×3.32%	2 722.48
②	失业保险费	按有关规定计算	—
③	医疗保险费	按有关规定计算	—
11	住房公积金	按有关规定计算	—
12	危险作业意外伤害保险费	按有关规定计算	—
五	税金	(一+二+三+四−10)×3.41%(市区)	2 889.18
六	单位工程费用	一+二+三+四+五+六	87 614.04

3.分部分项工程量清单计价表

分部分项工程量清单计价表，见表5.25。

第五章 建设工程工程量清单计价

表 5.25 分部分项工程量清单计价表

工程名称:室内给排水安装工程

序号	项目编码	项目名称	计量单位	工程量数	金额/元 综合单价	金额/元 合价
1	030801001001	镀锌钢管安装(螺纹连接)DN20		12.10	20.11	243.33
2	030801001002	镀锌钢管安装(螺纹连接)DN25		40.8	27.03	1 102.82
3	030801001003	镀锌钢管安装(螺纹连接)DN32		35.2	31.33	1 102.82
4	030801001004	镀锌钢管安装(螺纹连接)DN40		11.3	36.95	417.54
5	030801003001	排水铸铁管安装(水泥口)DN50		43.6	41.70	1 818.12
6	030801003002	排水铸铁管安装(水泥口)DN100	m	69.1	71.19	4 949.23
7	030801003003	排水铸铁管安装(水泥口)DN150		33.2	95.18	3 159.98
8	030801005001	给水塑料管(热熔焊)de20×1.6		75.6	11.97	904.93
9	030801005002	给水塑料管(热熔焊)de25×1.6		173.5	13.84	2 401.24
10	030801005003	给水塑料管(热熔焊)de32×1.6		35.4	18.13	641.80
11	030801005001	排水塑料管安装(粘接)D50		163.6	20.90	3 419.24
12	030801005002	排水塑料管安装(粘接)D110		111.5	58.87	6 564.01
13	030802001001	管道支吊架制作、安装	kg	3.5	16.31	57.09
14	030803001001	阀门安装(螺纹连接)DN15		1	19.35	19.35
15	030803001002	阀门安装(螺纹连接)DN20	个	6	21.35	128.10
16	030803001003	阀门安装(螺纹连接)DN25		6	26.97	161.82
17	030803001004	阀门安装(螺纹连接)DN40		1	50.50	50.50
18	0308030011001	螺纹水表组成安装 DN15		30	64.38	1 931.4
19	030803011002	螺纹水表组成安装 DN20		30	71.47	2 144.10
20	030804001001	浴盆安装	组	30	948.63	28 458.90
21	030804003001	洗脸盆安装		30	193.73	5 811.90
22	030804005001	洗涤盆安装		30	113.81	3 414.30
23	030804012001	坐式大便器安装	套	30	323.54	9 706.20
24	030804017001	地漏安装	个	30	57.79	1 733.7
25	030804018001	扫除口安装		30	54.60	1 638.00
		合计				81 950.42

4. 措施项目清单计价表

措施项目清单计价表,见表 5.26。

表 5.26　措施项目清单计价表

工程名称:室内给排水安装工程

序　号	项目名称	金额/元
1.定额措施项目费:脚手架搭拆费		2 239.85×8%
2.一般措施项目费:按(人工费×费率)计算		51.96
(1)	环境保护费	2 239.85×0.2%
(2)	安全文明施工费	2 239.85×4.97%
(3)	临时设施费	2 239.85×4.7%
(4)	夜间施工费	2 239.85×0.21%
(5)	二次搬运费	2 239.85×0.21%
(6)	已完成工程及设备保护费	2 239.85×0.2%
(7)	冬雨季施工费	2 239.85×2.32%

注:表中费用,按《黑龙江省建筑安装工程费用项目组成及计算规则》计取。

5.其他项目清单计价表

其他项目清单计价表,见表 5.27。

表 5.27　其他项目清单计价表

工程名称:室内给排水安装工程

序　号	项目名称	金额/元
1	预留金(根据实际情况确定)	
2	材料购置费(根据实际情况确定)	
3	总承包服务费(根据实际情况确定)	
4	零星工作项目计价(按相应项目的标准计算)	
5	其他	

6.零星工作项目计价表

零星工作项目计价表,见表 5.28。

表 5.28 零星工作项目计价表

工程名称:室内给排水安装工程

序号	名称	计量单位	数量	金额/元	
				综合单价	合价
1	人工				
	小计				
2	材料				
	小计				
3	机械				
	小计				
	合计				

7. 分部分项工程量清单综合单价分析表

分部分项工程量清单综合单价分析表,见表 5.29。

表 5.29 分部分项工程量清单综合单价分析表

工程名称:室内给排水工程

序号	项目编号	定额编号	项目名称	单位	数量	综合单价组成/元						综合单价/元
						人工费	材料费	机械费	管理费	利润	合价	
1	03081001001		镀锌钢管(螺纹连接)DN20	m	12.1						243.28	20.11
		8-175	镀锌钢管安装 DN20	10 m	1.21	48.62	99.28		13.64	24.70	225.35	186.24
		8-475	管道消毒、冲洗	100 m	0.12	13.82	20.28		3.88	7.02	5.40	
		11-81	镀锌钢管刷热沥青(一遍)	10 m²	0.09	23.65	52.37		6.64	12.01	8.52	
		11-82	镀锌钢管刷热沥青(二遍)		0.09	11.69	23.69		3.28	5.94	4.01	
2	03081001002		镀锌钢管(螺纹连接)DN25	m	40.8	145.67					1 102.65	27.03
		8-176	镀锌钢管安装 DN25	10 m	4.08	58.45	23.72	1.53	16.40	29.69	1 027.10	215.74
		8-475	管道消毒、冲洗	100 m	0.41	13.82	20.28		3.88	7.02	18.45	
		11-81	镀锌钢管刷热沥青(一遍)	10 m	0.41	23.65	52.37		6.64	12.01	38.81	
		11-82	镀锌钢管刷热沥青(二遍)		0.41	11.69	23.69		3.28	5.94	18.29	
3	03081001003		镀锌钢管(螺纹连接)DN20	m	35.2	184.75					1 102.77	31.33
		8-177	镀锌钢管安装 DN32	10 m	3.52	58.45	26.95	1.53	16.40	29.69	1 021.57	
		8-475	管道消毒、冲洗	100 m	0.35	13.82	20.28		3.88	7.02	15.75	
		11-81	镀锌钢管刷热沥青(一遍)	10 m	0.47	23.65	52.37		6.64	12.01	44.49	

续表 5.29

序号	项目编号	定额编号	项目名称	单位	数量	综合单价组成/元 人工费	材料费	机械费	管理费	利润	合价	综合单价/元
		11-82	镀锌钢管刷热沥青(二遍)	10 m	0.47	11.69	23.69		3.28	5.94	20.96	
		8-475	管道消毒、冲洗	100 m	0.11	13.82	20.28		3.88	7.02	4.95	
4	030810010003		镀锌钢管(螺纹连接)DN40	m	11.3						417.51	36.95
		8-178	镀锌钢管安装 DN40		1.13	69.61	218.11	1.53	19.53	35.37	388.89	
		11-81	镀锌钢管刷热沥青(一遍)	10 m	0.17	23.65	52.37		6.64	12.01	16.09	
		11-82	镀锌钢管刷热沥青(二遍)		0.17	11.69	23.69		3.28	5.94	7.58	
5	030801003001		排水铸铁管(水泥口)DN50	m	43.6						1 818.17	41.70
		8-359	排水铸铁管安装 DN50	10 m	4.36	59.52	285.39		16.70	30.24	1 708.47	
		11-2	排水铸铁管除锈 DN50		0.82	21.52	6.03	—	6.04	10.93	36.51	
		11-207	排水铸铁管刷防锈漆(一遍)		0.03	8.77	14.70		2.46	4.45	0.91	
		11-209	排水铸铁管刷银粉漆(一遍)	10 m²	0.03	9.03	10.10		2.53	4.59	0.79	
		11-210	排水铸铁管刷银粉漆(二遍)		0.03	8.77	9.04		2.46	4.45	0.74	
		11-211	排水铸铁管刷沥青漆(一遍)		0.79	9.30	28.87		2.61	4.72	35.95	
		11-212	排水铸铁管刷沥青漆(二遍)		0.9	9.30	27.39	—	2.61	4.72	34.78	
6	030801003002		排水铸铁管(水泥口)DN100	m	69.1						4 919.68	71.19
		11-361	排水铸铁管安装 DN100	10 m	6.91	91.93	501.07		25.79	46.70	4 598.54	
		11-2	排水铸铁管除锈 DN100		2.4	21.52	6.03		6.04	10.93	106.85	
		11-207	排水铸铁管刷防锈漆(一遍)		0.07	8.77	14.70		2.46	4.45	2.13	
		11-209	排水铸铁管刷银粉漆(一遍)	10 m²	0.07	9.03	10.10		2.53	4.59	1.84	
		11-210	排水铸铁管刷银粉漆(二遍)		0.07	8.77	9.04		2.46	4.45	1.73	
		11-211	排水铸铁管刷沥青漆(一遍)		2.33	9.30	28.87		2.61	4.72	106.02	
		11-212	排水铸铁管刷沥青漆(二遍)		2.33	9.30	27.39		2.61	4.72	102.57	
7	030801003003		排水铸铁管(水泥口)DN150	m	33.2						3 159.95	95.18
		11-362	排水铸铁管(水泥口)DN150	10 m	3.32	97.51	709.16		27.35	49.54	2 933.42	
		11-2	排水铸铁管除锈 DN150		1.69	21.52	6.03		6.04	10.93	75.24	
		11-211	排水铸铁管刷沥青漆(一遍)	10 m²	1.69	9.30	28.87		2.61	4.72	76.90	
		11-212	排水铸铁管刷沥青漆(二遍)		1.69	9.30	27.39		2.61	4.72	74.39	
8	030801005001		塑料管(热熔连接)de20×2.3	m	75.6		49.71				804.54	11.97
		8-276	给水塑料管安装 de20×2.3	10 m	7.56	36.40	49.71	1.51	10.21	18.49	879.38	

续表 5.29

序号	项目编号	定额编号	项目名称	单位	数量	综合单价组成/元					综合单价/元
						人工费	材料费	机械费	管理费	利润	合价	
		8-475	管道消毒、冲洗	100 m	0.76	13.82	8.38		3.88	7.02	25.16	
9	030801005002		塑料管(热熔连接)de25×2.3	m	173.5						2402.36	13.84
		8-277	给水塑料管安装 de25×2.3	10 m	17.35	38.79	67.25	1.51	10.88	19.71	2396.73	
		8-475	管道消毒、冲洗	100 m	0.17	13.82	8.38		3.88	7.02	5.63	
10	030801005003		塑料管(热熔连接)de32×2.4	m	35.4						.641.64	18.13
		8-278	给水塑料管安装 de32×2.4	10 m	3.54	43.84	98.06	1.51	12.3	22.27	630.05	
		8-475	管道消毒、冲洗	m	0.35	13.82	8.38	—	3.88	7.02	11.59	
11	030801005004		排水塑料管(粘接)D50	m	163.6						3419.73	20.90
		8-370	排水塑料管安装 D50	10 m	16.36	45.43	127.28	0.50	12.74	23.08	3419.73	
12	030801005005		排水塑料管(粘接)D110	m	111.5						5653.89	58.87
		8-372	排水塑料管安装 D110	10 m	11.15	68.82	465.11	0.50	19.30	34.96	6563.89	
13	030802001001		管道支吊架制作、安装	kg	3.3		483.57				53.83	16.31
		8-422 8-423	管道支吊架制作、安装		0.033	269.42	168.42	491.65	75.57	136.87	48.08	1457.08
		8-7	管道支吊架除锈	100 kg	0.033	9.03	2.23	8.00	2.53	4.59	0.87	53.83
		11-126	管道支吊架防锈漆(一遍)	100 kg	0.033	6.11	18.34	8.00	1.71	3.10	1.23	
		11-127	管道支吊架防锈漆(二遍)		0.033	5.85	15.07	8.00	1.64	29.7	1.98	
		11-124	管道支吊架银粉漆(一遍)		0.033	6.38	6.56	8.00	1.79	3.24	0.86	
		11-125	管道支吊架银粉漆(二遍)		0.033	6.11	5.61	8.00	1.71	3.10	0.81	
14	030803001001		阀门安装(螺纹连接)DN15		1						19.35	19.35
		8-495	阀门安装(Z15T-1.0)DN15		1	5.31	9.85	—	1.49	2.70	19.35	
15	030803001002		阀门安装(螺纹连接)DN20		6						128.10	
		8-496	阀门安装(Z15T-1.0)DN20	个	6	5.58	11.37		1.57	2.83	128.10	
16	030803001003		阀门安装(螺纹连接)DN25		6						161.82	26.97
		8-497	阀门安装(Z15T-1.0)DN20		6	6.64	15.10		1.86	3.37	161.82	
17	030803001004		阀门安装(螺纹连接)DN40		1						50.50	50.50

续表 5.29

序号	项目编号	定额编号	项目名称	单位	数量	人工费	材料费	机械费	管理费	利润	合价	综合单价/元
						\multicolumn{6}{c	}{综合单价组成/元}	
		8-499	阀门安装(Z15T-1.0)DN40	个	1	13.02	28.17	—	2.71	6.61	50.50	
18	030803011001		螺纹水表组成安装 DN15	组	30						1 931.40	64.38
		8-606	螺纹水表组成安装 DN15	组	30	9.03	48.23	—	2.53	4.59	1 931.40	
19	030803011002		螺纹水表组成安装 DN20	组	30						2 144.10	
		8-607	螺纹水表组成安装 DN20	组	30	10.63	52.46	—	2.98	5.40	2 144.10	
20	030804001001		浴盆安装	组	30						28 459.02	948.63
		8-652	浴盆安装	10组	3.0	217.34	9 097.63	—	60.96	110.41	28 459.02	
21	030804003001		洗脸盆安装	组	30						5 811.84	193.73
		8-672	洗脸盆安装	10组	3.0	172.97	1 627.92	—	48.52	87.87	5 811.84	
22	030804005001		洗涤盆安装	组	30						3 414.15	113.81
		8-679	洗涤盆安装	10组	3.0	115.05	932.28	—	32.27	58.45	3 414.15	
23	030804012001		坐式大便器安装	套	30						9 706.29	323.54
		8-703	坐式大便器安装	10组	3.0	213.36	2 853.83	—	59.85	108.39	9 706.29	
24	030804017001		地漏安装 DN50	个	30						1 733.76	57.79
		8-736	地漏安装 DN50	10个	3.0	42.51	501.89	—	11.92	21.60	1 733.76	
25	030804018001		扫除口安装 DN100	个	6						545.97	54.60
		8-742	扫除口安装 DN100	10个	0.6	31.88	488.95	—	8.94	16.20	327.58	
			合计			2 239.85						81 950.42

注:表中定额编号,采用黑龙江省统一安装工程消耗量定额的编号。

8. 主要材料价格表

主要材料价格表,见表 5.30。

表 5.30　主要材料价格表

工程名称：室内给排水工程

序号	名称规格	单位	数量	单价/元	合价/元
1	热镀锌焊接钢管 DN20	t	0.021	4 650.00	97.65
2	热镀锌焊接钢管 DN25		0.107	4 650.00	497.55
3	热镀锌焊接钢管 DN32		0.119	4 650.00	553.35
4	热镀锌焊接钢管 DN40		0.047	4 650.00	218.55
5	排水铸铁管 DN50×0.3 m	根	145	6.03	874.35
6	排水铸铁管 DN100×0.5 m		40	15.97	638.80
7	排水铸铁管 DN100×1 m		50	26.68	1 334.00
8	排水铸铁管 DN150×0.5 m		28	30.40	851.20
9	排水铸铁管 DN150×1 m		20	44.54	890.80
10	塑料给水管 dg20×2.3 mm	m	78	3.34	260.52
11	塑料给水管 dg25×2.3 mm		177	4.56	807.12
12	塑料给水管 dg32×2.4 mm		37	7.26	268.62
13	塑料排水管 D50		144	9.26	1 333.44
14	塑料排水管 D110		99.5	27.03	2 689.49
15	闸阀(Z15-1.0)DN15	个	31	8.11	251.41
16	闸阀(Z15-1.0)DN20		36	9.23	332.28
17	闸阀(Z15-1.0)DN25		6	12.28	77.28
18	闸阀(Z15-1.0)DN40		1	22.5	22.5
19	螺纹水表(LXS15C)DN15		30	39.67	1 190.10
20	螺纹水表(LXS20C)DN20		30	42.77	1 283.10
21	钢板搪瓷浴盆 L=1 400 mm	套	30	523.39	15 701.70
22	浴盆混合水嘴带喷头		30	293.64	8 809.20
23	洗脸盆(普釉550)		30	54.78	1 643.40
24	立式水嘴 DN15	个	60	23.55	1 413.00
25	铜截止阀 DN12		60	13.61	816.60
26	洗涤盆(普釉3#)		30	51.31	1 539.30

续表 5.30

序 号	名称规格	单 位	数 量	单价/元	合价/元
27	铜水嘴 DN15		30	7.60	228.00
28	坐式大便器(普釉)	个	30	36.65	1 099.50
29	低水箱(普釉)		30	39.22	1 176.60
30	低水箱洁具(铜)	套	30	141.86	4 255.80
31	坐式大便器盖(木质)		30	39.09	1 172.70
32	地漏 DN50	个	30	48.6	1 458.00
33	扫除口 DN10		6	48.70	292.20

[例题 2] 某高层(12 层)住宅楼采暖工程采用招标形式,确定承包单位。按《建设工程工程量清单计价规范》计价。

1. 招标人清单编制

(1)分部分项工程量清单

根据工程量清单工程量计算规则计算,其工程量清单见表 5.31。

表 5.31 工程量清单

工程名称:某高层(12 层)住宅楼采暖工程　　　　　　　　　　　　　　第 1 页 共 1 页

序 号	项目编码	项目名称	计量单位	工程数量
1	030801001001	室内焊接钢管安装螺纹连接,手工除锈,刷一次防锈漆,两次银粉漆,镀锌铁套管 DN15		1 325
2	030801001002	DN20		1 855
3	030801001003	DN25		1 030
4	030801001004	DN32	m	95
5	030801002005	室内焊接钢管安装和手工电弧焊,手工除锈,刷两次防锈漆,玻璃布保护层,刷两次调和漆,钢套管 DN40		120
6	030801002006	DN50		230
7	030801002007	DN70		180
8	030801002008	DN80		95
9	030801002009	DN100		70

续表 5.31

序 号	项目编码	项目名称	计量单位	工程数量
		方形伸缩器制作		
10	030803013001	DN100	个	2
11	030803013002	DN80		2
12	030803013003	DN70		4
13	030803013004	DN50		4
14	030803001001	阀门安装,螺纹连接		84
15	030803001002	J11T-16-15		76
16	030803001003	J11T-16-20		52
17	030803003001	J11T-16-25		6
18	030805001001	法兰阀门安装 J11T-16-100	片	5 385
19	030803005001	铸铁暖气片安装柱型 813,手工除锈,刷一次防锈漆,两次银粉漆	个	5
20	030802001001	自动排气阀安装 DN20	kg	1 200
21	030807001001	管道支架制作安装,手工除锈,一次防锈漆,两次调和漆 采暖系统调整	系统	1

(2)措施项目清单

措施项目清单,见表 5.32。

表 5.32 措施项目清单

工程名称:某高层(12 层)住宅楼采暖工程　　　　　　　　　　第 1 页　共 1 页

序 号	项目名称
1	临时设施费
2	文明施工费
3	安全施工费
4	二次搬运费
5	脚手架搭拆费

(3)其他项目清单

其他项目清单,见表 5.33。

表 5.33 其他项目清单

工程名称:某高层(12层)住宅楼采暖工程　　　　　　　　　第1页 共1页

序号	项目名称
1	预留金
2	工程分包和材料购置费
3	总承包服务费
4	零星工作费
5	其他

(4)零星工作项目表

零星工作项目表,见表5.34。

表 5.34 零星工作项目表

工程名称:某高层(12层)住宅楼采暖　　　　　　　　　第1页 共1页

序号	名称	计量单位	数量
1	人工		
1.1	管道工	工时	120
1.2	电焊工		50
1.3	其他工		50
2	材料		
2.1	电焊条	kg	10
2.2	氧气	m³	15
2.3	乙炔气	kg	90
3	机械		
3.1	电焊机直流 20 kW	台班	50
3.2	汽车起重机 8 t		40
3.3	载重汽车 8 t		40

2.投标人报价编制

(1)单位工程费汇总表

单位工程费汇总表,见表5.35。

表5.35 单位工程费汇总表

工程名称:某高层(12层)住宅楼采暖工程　　　　　　　　　　第　页　共　页

序号	项目名称	金额/元
1	分部分项工程费合计	305 340
2	措施项目费合计	30 478
3	其他项目费合计	28 205
4	规费	546
5	税金	12 432
	合计	377 001

(2)分部分项工程量清单

分部分项工程量清单,见表5.36。

表5.36 分部分项工程量清单

工程名称:某高层(12层)住宅楼采暖工程

序号	项目编码	项目名称	计量单位	工程单量	金额/元 综合单价	金额/元 合价
		室内焊接钢管安装螺纹连接,手工除锈,刷一次防锈漆,两次银粉漆,镀锌铁皮套管				
1	030801002001	DN15	m	1 325	18	23 850
2	030801002002	DN20	m	1 855	20	37 100
3	030801002003	DN25	m	1 030	26	26 780
4	030801002004	DN32	m	95	30	2 850
		室内焊接钢管安装和手工电弧焊,手工除锈,刷两次防锈漆,玻璃布保护层,刷两次调和漆,钢套管				
5	030801002005	DN40	m	120	58	6 960
6	030801002006	DN50	m	230	64	14 720
7	030801002007	DN70	m	180	77	13 860
8	030801002008	DN80	m	95	98	9 310
9	030801002009	DN100	m	70	115	8 050

续表 5.36

序号	项目编码	项目名称	计量单位	工程单量	金额/元 综合单价	金额/元 合价
10	030803013001	方形伸缩器制作 DN80	个	2	339	678
11	030803013002	DN70	个	2	247	494
12	030803013003	DN50	个	4	163	652
13	030803013004	阀门安装,螺纹连接	个	4	95	380
		J11T-16-15	个	84	20	1 680
14	030803001001	J11T-16-20	个	76	22	1 672
15	030803001002	J11T-16-25	个	52	27	1 404
16	030803001003	法兰阀门安装 J11T-16-100	个	6	715	4 290
17	030803003001	铸铁暖气片安装柱型 813,手工除锈,刷一次防锈漆,两次银粉漆	片			
18	030805001001	自动排气阀安装 DN20	个	5 385	23	123 855
19	030803005001	管道支架制作安装,手工除锈,一次防锈漆,两次调和漆	kg	5 1 200	70 15	350 18 000
20	030802001001	采暖系统调整	系统	1	8 405	8 405
21	030807001001	合计				305 340

(3)措施项目清单计价表

措施项目清单计价表,见表 5.37。

表 5.37 措施项目清单计价表

工程名称:某高层(12 层)住宅楼采暖工程

序号	项目名称	金额/元
1	临时设施费	8 630
2	文明施工费	4 420
3	安全施工费	5 920
4	二次搬运费	9 340
5	脚手架搭拆费	2 168
	合计	30 478

(4)其他项目清单计价表。

其他项目清单计价表,见表 5.38。

表 5.38 其他项目清单计价表

工程名称:某高层(12层)住宅楼采暖工程

序号	项目名称	金额/元
1	预留金	18 320
2	工程分包和材料购置费	
3	总承包服务费	
4	零星工作费	9 885
5	其他	
	合计	28 205

(5)零星工作项目计价表

零星工作项目计价表,见表 5.39。

表 5.39 零星工作项目计价表

工程名称:某高层(12层)住宅楼采暖工程

序号	名称	计量单位	数量	金额/元	
				综合单价	合价
1	人工				
1.1	管道工	2时	120	15	1 800
1.2	电焊工		50	15	750
1.3	其他工		50	15	750
	小计				3 300
2	材料				
2.1	电焊条	kg	10	5.41	54
2.2	氧气	m³	15	2.06	31
2.3	乙炔气	kg	90	13.33	1 200
	小计				1 285
3	机械				
3.1	电焊机直流20 kW		50	10	500
	汽车起重机 8 t	台班	40	70	2 800
3.2	载重汽车 8 t		40	50	2 000
	小计				5 300
	合计				9 885

(6)分部分项工程量清单综合单价计算表

分部分项工程量清单综合单价计算表,见表 5.40~5.59。

表 5.40　分部分项工程量清单综合单价计算表

工程名称:某高层(12层)住宅楼采暖工程　　　　计量单位:m
项目编号:030801002001　　　　　　　　　　　　工程数量:1 325
项目名称:室内焊接钢管安装螺纹连接　DN15　　　综合单价:18元

序号	定额编号	工程内容	单位	数量	其中/元					
					人工费	材料费	机械费	管理费	利润	小计
1	8-12	管道安装 DN15	m	1 325	5 630	1 643				
2		焊接钢管 DN15	m	1 352		5 868				
3	8-169	镀锌铁皮套管制作 DN25	个	250	175	250				
4	11-1	手工除锈	m²	88	69	30				
5	11-53、56、57	刷油	m²	88	168	10				
6		防锈漆	kg	13		217				
7		银粉漆	kg	11		165				
		小计	元		6 042	8 183				
8		高层建筑增加费	元		181					
9		主体结构配合费	元		302					
		合计			6 525	8 183		4 111	5 155	23 974

表 5.41　分部分项工程量清单综合单价计算表

工程名称:某高层(12层)住宅楼采暖工程　　　　计量单位:m
项目编号:030801002002　　　　　　　　　　　　工程数量:1 855
项目名称:室内焊接钢管安装螺纹连接 DN20　　　综合单价:20元

序号	定额编号	工程内容	单位	数量	其中/元					
					人工费	材料费	机械费	管理费	利润	小计
1	8-99	管道安装 DN20	m	1 855	7 882	3 825				
2		焊接钢管 DN20	m	1 892		10 368				
3	8-170	镀锌铁皮套管制作 DN32	个	267	1 371	401				
4	11-1	手工除锈	m²	159	125	54				
5	11-52、56、57	刷油	m²	159	288	59				
6		防锈漆	kg	9		150				
7		银粉漆	kg	21		315				
		小计	元		8 666	15 172				
8		高层建筑增加费	元	260						
9		主体结构配合费	元	433						
					9 359	15 172		5 896	7 394	37 821

表 5.42 分部分项工程量清单综合单价计算表

工程名称:某高层(12层)住宅楼采暖工程　　　　计量单位:m
项目编号:030801002003　　　　　　　　　　　　工程数量:1 030
项目名称:室内焊接钢管安装螺纹连接 DN25　　　综合单价:26元

序号	定额编号	工程内容	单位	数量	其中/元					
					人工费	材料费	机械费	管理费	利润	小计
1	8-100	管道安装 DN25	m	1 030	5 261	3 014	106			
2		焊接钢管 DN25	m	1 051		8 461				
3	8-170	镀锌铁皮套管制作 DN25	个	105	146	158				
4	11-1	手工除锈	m²	109	86	37				
5	11-53、56、57	刷油	m²	109	197	40				
6		防锈漆	kg	3		50				
7		银粉漆	kg	14		210				
		小计	元		5 690	11 970	106			
8		高层建筑增加费	元		171					
9		主体结构配合费	元		285					
		合计			6 146	11 970	106	3 872	4 855	26 949

表 5.43 分部分项工程量清单综合单价计算表

工程名称:某高层(12层)住宅楼采暖工程　　　　计量单位:m
项目编号:030801002004　　　　　　　　　　　　工程数量:95
项目名称:室内焊接钢管安装螺纹连接 DN32　　　综合单价:30元

序号	定额编号	工程内容	单位	数量	其中/元					
					人工费	材料费	机械费	管理费	利润	小计
1	8-101	管道安装 DN32	m	95	485	335	10			
2		焊接钢管 DN32	m	97		1 000				
3	8-171	镀锌铁皮套管制作 DN40	个	21	29	32				
4	11-1	手工除锈	m²	12	9	4				
5	11-53、56、57	刷油	m²	12	22	4				
6		防锈漆	kg	1.57		26				
7		银粉漆	kg	1.56		23				
		小计	元		545	1 424				
8		高层建筑增加费	元		16					
9		主体结构配合费	元		27		10			
		合计			588	1 424	10	370	465	2 857

表 5.44 分部分项工程量清单综合单价计算表

工程名称：某高层(12层)住宅楼采暖工程　　计量单位：m
项目编号：030801002006　　　　　　　　　　工程数量：120
项目名称：室内焊接钢管安装螺纹连接 DN40　　综合单价：58元

序号	定额编号	工程内容	单位	数量	其中/元					
					人工费	材料费	机械费	管理费	利润	小计
1	8-110	管道安装 DN40	m	120	504	74	71			
2		焊接钢管 DN40	m	123		1 547				
3	8-25	镀锌铁皮套管制作 DN50	m	9	15	3	2			
4		焊接钢管 DN50	m	9.1	14	144				
5	11-1	手工除锈	m²	18	14	6				
6	11-53	刷油	m²	18	26	4				
7		防锈漆	kg	4		67				
8	11-182	纤维管壳保温 δ=50	m³	2.17	284	60				
	6	岩棉瓦	m³	2.24		1 455	15			
9	11-215	玻璃布保护层	m²	65		1				
10	3	玻璃丝布	m²	91	71	414				
11	11-234	布面油漆	m²	65	163	5				
12	11-235	调和漆	kg	18		301				
13		小计	元		1 077	4 081	88			
14		高层建筑增加费	元		32					
15		主体结构配合费	元		54					
		合计			1 163	4 081	88	733	919	6 984

第五章 建设工程工程量清单计价

表 5.45 分部分项工程量清单综合单价计算表

工程名称:某高层(12层)住宅楼采暖工程 计量单位:m
项目编号:030801002006 工程数量:230
项目名称:室内焊接钢管安装螺纹连接 DN50 综合单价:64元

序号	定额编号	工程内容	单位	数量	其中/元				
					人工费	材料费	机械费	管理费	利润	小计
1	11-111	管道安装 DN50	m	230	1 063	255	147			
2		焊接钢管 DN50	m	235		3 636				
3	8-263	镀锌铁皮套管制作 DN70	m	15	30	10	3			
4		焊接钢管 DN70	m	15.2		325				
5	11-1	手工除锈	m²	43	34	15				
6	11-53	刷油	m²	43	55	3				
7		防锈漆	kg	6		100				
8	11-1826	纤维管壳保温 δ=50	m³	4.16	451	116	28			
		岩棉瓦	m³	4.28		2 780				
9	11-2136	玻璃保护层	m²	125	136	3				
10		玻璃丝布	m²	175		796				
11	11-234	布面油漆	m²	125	447	15				
12	11-235	调和漆	kg	41		686				
13		小计	元		2 216	8 740	178			
14		高层建筑增加费	元		66					
15		主体结构配合费	元		111					
		合计			2 393	8 740	178	1 508	1 890	14 709

表 5.46 分部分项工程量清单综合单价计算表

工程名称:某高层(12层)住宅楼采暖工程 计量单位:m
项目编号:030801002007 工程数量:180
项目名称:室内焊接钢管安装螺纹连接 DN70 综合单价:77元

序号	定额编号	工程内容	单位	数量	其中/元				
					人工费	材料费	机械费	管理费	利润	小计
1	8-112	管道安装 DN70	m	180	936	567	505			
2		焊接钢管 DN70	m	184		3 934				
3	8-27	镀锌铁皮套管制作 DN80	m	10	26	15	12			
4		焊接钢管 DN80	m	10.2		278				
5	11-1	手工除锈	m²	43	34	15				

续表 5.46

序号	定额编号	工程内容	单位	数量	人工费	材料费	机械费	管理费	利润	小计
					\multicolumn{6}{c|}{其中/元}					
6	11-53	刷油	m²	43	27	5				
7		防锈漆	kg	6		100				
8	11-1834	纤维管壳保温 δ=50	m³	3.73	205	71	25			
		岩棉瓦	m³	3.84		2 495				
9	11-2153	玻璃布保护层	m²	107	117	2				
10		玻璃丝布	m²	150		683				
11	11-234	布面油漆	m²	107	422	11				
12	11-235	调和漆	kg	35		585				
13		小计	元		1 767	8 761	542			
14		高层建筑增加费	元		53					
15		主体结构配合费	元		88					
		合计			1 908	8 761	542	1 202	1 507	13 920

表 5.47 分部分项工程量清单综合单价计算表

工程名称:某高层(12层)住宅楼采暖工程　　　　　计量单位:m
项目编号:030801002008　　　　　　　　　　　　工程数量:95
项目名称:室内焊接钢管安装螺纹连接 DN80　　　　综合单价:98 元

序号	定额编号	工程内容	单位	数量	人工费	材料费	机械费	管理费	利润	小计
1	8-113	管道安装 DN80	m	95	560	356	318			
2		焊接钢管 DN80	m	97		2 645				
3	2-28	镀锌铁皮套管制作 DN100	m	9						
4		焊接钢管 DN100	m	9.14		328				
5	11-1	手工除锈	m²	27	21	9				
6	11-53	刷油	m²	27	169	31				
7		防锈漆	kg	12		81				
8	11-1834	纤维管壳保温 δ=50	m³	2.17	119	41	15			
		岩棉瓦	m³	2.24		1 455				
9	11-2153	玻璃布保护层	m²	60	65	1				
10		玻璃丝布	m²	84		382				
11	11-234	布面油漆	m²	60	237	7				
12	11-235	调和漆	kg	32		535				
13		小计	元		1 171	5 871	333			

续表 5.47

序号	定额编号	工程内容	单位	数量	其中/元					
					人工费	材料费	机械费	管理费	利润	小计
14		高层建筑增加费	元	35						
15		主体结构配合费	元	59						
		合计			1 265	5 871	333	797	999	9 265

表 5.48 工程量清单综合单价计算表

工程名称:某高层(12层)住宅楼采暖工程　　计量单位:m
项目编号:030801002008　　工程数量:95
项目名称:室内焊接钢管安装螺纹连接 DN80　　综合单价:98 元

序号	定额编号	工程内容	单位	数量	其中/元					
					人工费	材料费	机械费	管理费	利润	小计
1	8-113	管道安装 DN80	m	95	560	356	318			
2		焊接钢管 DN80	m	97		2 645				
3	2-28	镀锌铁皮套管制作 DN100	m	9				分部		
4		焊接钢管 DN100	m	9.14		328		分项		
5	11-1	手工除锈	m²	27	21	9				
6	11-53	刷油	m²	27	169	31				
7		防锈漆	kg	12		81				
8	11-1834	纤维管壳保温 δ=50	m³	2.17	119	41	15			
		岩棉瓦	m³	2.24		1 455				
9	11-2153	玻璃布保护层	m²	60	65	1				
10		玻璃丝布	m²	84		382				
11	11-234	布面油漆	m²	60	237	7				
12	11-235	调和漆	kg	32		535				
13		小计	元		1 171	5 871	333			
14		高层建筑增加费	元	35						
15		主体结构配合费	元	59						
		合计			1 265	5 871	333	797	999	9 265

表 5.49 分部分项工程量清单综合单价计算表

工程名称:某高层(12层)住宅楼采暖工程　　　计量单位:m
项目编号:030801002009　　　工程数量:70
项目名称:室内焊接钢管安装螺纹连接 DN100　　　综合单价:115元

序号	定额编号	工程内容	单位	数量	其中/元					
					人工费	材料费	机械费	管理费	利润	小计
1	8-114	管道安装 DN100	m	70	510	378	320			
2		焊接钢管 DN100	m	71		2 550				
3	8-29	镀锌铁皮套管制作 DN125	m	9	31	42	10			
4		焊接钢管 DN125	m²	9.14		478				
5	11-1	手工除锈	m²	24	19	8				
6	11-53	刷油	kg	24	15	3				
7		防锈漆	m³	3		50				
8	11-1834	纤维管壳保温 δ=50	m³	1.8	99	34	12			
		岩棉瓦	m³	1.85		1 202				
9	11-2153	玻璃布保护层	m²	49	53	1				
10		玻璃丝布	m²	69		314				
11	11-234	布面油漆		49	193	5				
12	11-235	调和漆	kg	16		268				
13		小计	元		920	5 333	342			
14		高层建筑增加费	元		28					
15		主体结构配合费	元		46					
		合计			994	5 333	342	626	785	8 080

表 5.50 分部分项工程量清单综合单价计算表

工程名称:某高层(12层)住宅楼采暖工程　　　计量单位:个
项目编号:030803013001　　　工程数量:2
项目名称:方形伸缩器制作 DN100　　　综合单价:339元

序号	定额编号	工程内容	单位	数量	其中/元					
					人工费	材料费	机械费	管理费	利润	小计
1	8-222	方形伸缩器制作	个	2	191	107	69			
2		高层建筑增加费	元		6					
3		主体结构配合费	元		10					
		合计			207	107	69	130	164	677

表 5.51 分部分项工程量清单综合单价计算表

工程名称:某高层(12层)住宅楼采暖工程　　计量单位:个
项目编号:03080313002　　工程数量:2
项目名称:方形伸缩器制作 DN80　　综合单价:247元

序号	定额编号	工程内容	单位	数量	其中/元				
					人工费	材料费	机械费	管理费	利润	小计
1	8-221	方形伸缩器制作	个	2	134	76	67			
2		高层建筑增加费	元		4					
3		主体结构配合费	元		7					
		合计			145	76	67	91	115	494

表 5.52 分部分项工程量清单综合单价计算表

工程名称:某高层(12层)住宅楼采暖工程　　计量单位:个
项目编号:030803001001　　工程数量:84
项目名称:方形伸缩器制作 DN15　　综合单价:20元

序号	定额编号	工程内容	单位	数量	其中/元				
					人工费	材料费	机械费	管理费	利润	小计
1	8-241	阀门安装	个	84	195	177				
2		阀门 J11T-16-15	个	84.84		966				
3		高层建筑增加费	元		6					
4		主体结构配合费	元		10					
		合计			211	1 143	—	133	167	1 654

表 5.53 分部分项工程量清单综合单价计算表

工程名称:某高层(12层)住宅楼采暖工程　　计量单位:个
项目编号:030803001002　　工程数量:76
项目名称:方形伸缩器制作 DN20　　综合单价:22元

序号	定额编号	工程内容	单位	数量	其中/元				
					人工费	材料费	机械费	管理费	利润	小计
1	8-242	阀门安装	个	76	176	204				
2		阀门 J11T-16-20	个	76.76		1 033				
3		高层建筑增加费	元		5					
4		主体结构配合费	元		9					
		合计			190	1 237	—	120	150	1 697

表 5.54 分部分项工程量清单综合单价计算表

工程名称:某高层(12层)住宅楼采暖工程 计量单位:个
项目编号:030803001003 工程数量:52
项目名称:方形伸缩器制作 DN25 综合单价:27元

序号	定额编号	工程内容	单位	数量	其中/元					
					人工费	材料费	机械费	管理费	利润	小计
1	8-243	阀门安装	个	52	145	179				
2		阀门 J11T-16-15	个	52.52		870				
3		高层建筑增加费	元	4						
4		主体结构配合费	元	7						
		合计			156	1 049	—	98	120	1 426

表 5.55 分部分项工程量清单综合单价计算表

工程名称:某高层(12层)住宅楼采暖工程 计量单位:个
项目编号:030803003001 工程数量:6
项目名称:方形伸缩器制作 DN100 综合单价:715元

序号	定额编号	工程内容	单位	数量	其中/元					
					人工费	材料费	机械费	管理费	利润	小计
1	8-261	阀门安装	个	6	130	929				
2		阀门 J11T-16-100	个	6		2 942	77			
3		高层建筑增加费	元	4						
4		主体结构配合费	元	7						
		合计			141	3 871	77	89	111	4 289

表 5.56 分部分项工程量清单综合单价计算表

工程名称:某高层(12层)住宅楼采暖工程 计量单位:片
项目编号:030805001001 工程数量:5 385
项目名称:铸铁暖气片安装柱型 813 综合单价:23元

序号	定额编号	工程内容	单位	数量	其中/元					
					人工费	材料费	机械费	管理费	利润	小计
1	8-491	铸铁暖气片安装	片	5 385	5 175	42 068				
2		暖气片柱型 813 有足	片	1 718		16 527				
3		暖气片柱型 813 无足	片	3 721		32 745				
4	11-4	暖气片人工除锈	m²	1 508	1 261	510				
5	11-198、200、201	暖气片油漆	m²	1 508	3 500	1 695				

续表5.56

序号	定额编号	工程内容	单位	数量	其中/元					
					人工费	材料费	机械费	管理费	利润	小计
6		防锈漆	kg	158		2 642				
7		酚醛清漆	kg	130		1 212				
		小计	元		9 936	97 400				
8		高层建筑增加费	元		298					
9		主体结构配合费	元		497					
		合计			10 731	97 400	—	6 761	8 477	123 369

表5.57　分部分项工程量清单综合单价计算表

工程名称:某高层(12层)住宅楼采暖工程　　　计量单位:个
项目编号:030803005001　　　　　　　　　　　工程数量:5
项目名称:自动排气阀安装 DN20　　　　　　　综合单价:70元

序号	定额编号	工程内容	单位	数量	其中/元					
					人工费	材料费	机械费	管理费	利润	小计
1	8-300	自动排气阀安装	个	5	26	32				
2		自动排气阀	个	5		248				
3		高层建筑增加费	元		1					
4		主体结构配合费	元		1					
		合计			28	280	—	18	22	348

表5.58　分部分项工程量清单综合单价计算表

工程名称:某高层(12层)住宅楼采暖工程　　　计量单位:kg
项目编号:030802001001　　　　　　　　　　　工程数量:1 200
项目名称:管道支架制作安装　　　　　　　　　综合单价:15元

序号	定额编号	工程内容	单位	数量	其中/元					
					人工费	材料费	机械费	管理费	利润	小计
1	8-178	支架制作安装	kg	1 200	2 825	2 340	2 691			
2		型钢	kg	1 224		3 439				
3	11-119、122、123	除锈	kg	1 200	95	30	84			
4		油漆	kg	1 200	187	95	334			
5		防锈漆	kg	11		184				
6		酚醛清漆	kg	6		100				
		小计	元		3 107	6 188	3 109			
7		高层建筑增加费	元		93					
8		主体结构配合费	元		155					
		合计			3 355	6 188	3 109	2 114	2 650	17 416

表5.59 分部分项工程量清单综合单价计算表

工程名称：某高层(12层)住宅楼采暖工程　　　　计量单位：系统
项目编号：030807001001　　　　　　　　　　　工程数量：1
项目名称：采暖工程系统调整结构　　　　　　　　综合单价：8 405元

序号	工程内容	单位	数量	其中/元				
				人工费	材料费	机械费	管理费	利润	小计
1	采暖工程系统调整	系统	1	1 271	5 085				
2	高层建筑增加费	元		38					
3	主体结构配合费	元		63					
	合计			1 372	5 085	—	864	1 084	8 405

(7)措施项目计算表

措施项目计算表，见表5.60。

表5.60 措施项目计算表

工程名称：某高层(12层)住宅楼采暖工程

序号	项目名称	单位	数量	其中/元				
				人工费	材料费	机械费	管理费	利润	小计
1	临时设施费	项	1	1 500	4 000	1 000	945	1 185	8 630
2	文明施工费	项	1	1 000	1 500	500	630	790	4 420
3	安全施工费	项	1	1 000	2 500	1 000	630	790	5 920
4	二次搬运费	项	1	2 000	500	4 000	1 260	1 580	9 340
5	脚手架搭拆费	项	1	400	1 200	252	316	2 168	
	合计			5 900	9 700	6 500	3 717	4 661	30 478

(8)主要材料价格表

主要材料价格表，见表5.61。

表5.61 分部分项工程量清单综合单价计算表

工程名称：某高层(12层)住宅楼采暖工程

序号	材料编码	材料名称	规格、型号等特殊要求	单位	单价/元
1		焊接钢管		t	3 670
2		散热器813		片	9.62

[例题3] ××小区新建排水管道工程工程量清单的编制和计价,该工程施工图,如图5.1所示。

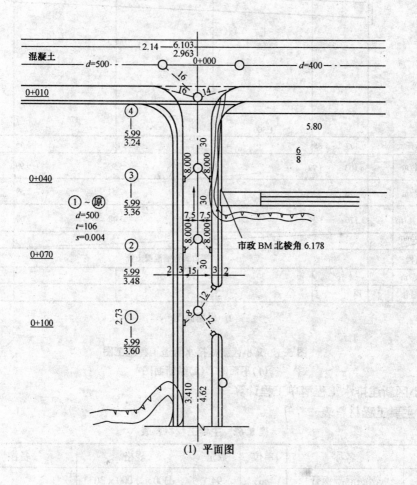

(1) 平面图

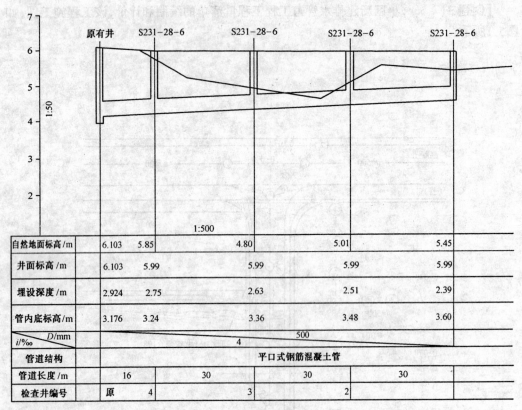

(2) 纵断面图

图 5.1 ×小区新建排水管道工程施工图
(1)平面图 (2)纵断面图

1. ××小区新建排水工程清单工程计算

(1)主要工程材料表

表 5.62 主要工程材料表

序号	名称	单位	数量	规格	备注
1	钢筋混凝钢管	m	94	d300×2 000×30	
2	钢筋混凝土管	m	106	D500×2 000×42	
3	检查井	座	4	ø1000 砖砌	S231-28-6
4	雨水口	座	9	680×380 H=1.0	S235-2-4

(2)管道铺设及基础

表5.63 管道铺设及基础

管段井号	管径/mm	管道铺设长度（井中至井中）/m	基础及接口形式	支管及180°平接口基础铺设	
				d300	D250
起1				32	—
	500	30			
2				16	—
	500	30			
3			180°平接口	16	—
	500	30			
4				30	—
	500	16			
止原井				—	—
合计		106		94	—

(3)检查井、进水井数量

表5.64 检查井、进水井

井号	检查井设计井面标高/m	井底标高/m	井深/m	砖砌圆形井				砖砌雨水口井		
				雨水检查井		沉泥井				
				圆号井径	数量/个	圆号井径	数量/座	图号规格	井深	数量/座
1	2	3 = 1－2								
起1	5.99	3.6	2.39	S231－28－6φ 1000	1	—		S235－2－4 C680×380	1	3
2	5.99	3.48	2.51	S231－28－6φ 1000	1	—		S235－2－4 C680×380	1	2
3	5.99	3.35	2.64	S231－28－6φ 1000	1	—		S235－2－4 C680×380	1	2
4	5.99	3.24	2.75	S231－28－6φ 1000	1	—		S235－2－4 C680×380	1	2
止原井	(6.103)	(2.936)	3.14							
本表综合小计	1.砖砌圆形雨水检查井 ø1000 平均井深2.6 m 共计4座。 2.砖砌雨水口进水井 680×380 井深1 m 共计9座。									

(4)挖干管管沟土方

表 5.65 干管管沟土方

井号或管数	管径/mm	管沟长/m	沟底宽度/m	原地高标高（综合取定）/m	井底流水位标高/m	基础加深/m	平均挖深/m	土壤类别	计算式	数量/m³
		L	b	平均	流水位	平均		H		L×b×H	
起1	500	30	0.744	5.4	3.60	3.54	0.14	2.00	三类土	30×0.744×2.00	44.64
1	500	30	0.744	4.75	3.48	3.42	0.14	1.47	三类土	30×0.744×2.00	32.48
2	500	30	0.744	5.28	3.36	3.30	0.14	2.12	三类土	30×0.744×2.00	47.32
3	500	30	0.744	5.98	3.24	3.21	0.14	2.91	四类土	16×0.744×2.00	34.64
4					3.176						
止原井											

(5)挖支管管沟土方

表 5.66 支管管沟土方

管径/mm	管沟长/m	沟底宽 m	平均挖深/m	土壤类别	计算式	数量/m³	备注
	L	b	H		L×b×H		
d300	94	0.52	1.13	三类土	94×0.52×1.13	55.23	
d250							

(6) 挖井位土方

表 5.67 井位土方

井号	井底基础尺寸/m			原地面至流水面高/m	基础加深/m	平均挖深/m	个数	土壤	计算式	数量/m³
	长 L	宽 B	直径 ø			H				
雨水井	1.26	0.96		1.0	0.13	1.13	9	三类土	1.26×0.96×1.13×9	12.30
1			1.58	1.86	0.14	2.00	1	三类土	井位2块弓形面积为0.83×2.00	1.66
2			1.58	1.33	0.14	1.47	1	三类土	0.83×1.47	1.22
3			1.58	1.98	0.14	2.12	1	三类土	0.83×2.12	1.76
4			1.58	2.77	0.14	2.91	1	四类土	0.83×2.91	2.42

(7) 挖混凝土路基及稳定层

表 5.68 混凝土路基及稳定层

序号	拆除构筑物名称	面积/m²	体积/m³	备注
1	挖混凝土路面(厚22 cm)	16×0.744=11.9	11.9×0.22=2.62	
2	挖稳定层(厚35 cm)	16×0.744=11.9	11.9×0.35=4.17	

(8) 管道及基础所占体积

表 5.69 管道及基础体积

序号	部位名称	计算式	数量/m³
1	d500管道与基础所占体积	$[(0.1+0.292)\times(0.5+0.084+0.16)+0.292\ 2\times3.14\times1/2]\times106$	45.16
2	d300管道与基础所占体积	$[(0.1+0.18)\times(0.3+0.06+0.16)+0.18^2\times3.14\times1/2]\times94$	18.68
		小计	63.68

(9)土方工程量汇总

表5.70 土方工程量汇总

序号	名称	计算式	数量/m³
1	挖沟槽土方三类土2 m以内	44.64 + 32.81 + 55.23 + 12.3 + 1.66 + 1.22	147.86
2	挖沟槽土方三类土4 m以内	47.32 + 1.76	49.08
3	挖沟槽土方三类土4 m以内	34.64 + 2.42 - 2.62 - 4.17	30.27
4	管道沟回填方	147.86 + 49.08 + 30.27 - 63.68	163.53
5	就地弃土		63.68

从纵断面可看到此道路是缺方的,管沟回填至原地面标高后多余土方可就地弃置,作为将来道路施工时道路路基的土源。

工程量清单汇总表如下。

表5.71 工程量清单汇总表

工程名称:××小区新建排水工程　　　　　　　　　　　　　　第　页 共　页

序号	项目编码	项目名称	计量单位	工程数量	金额/元	
					综合单价	全价
	0408	拆除工程				
1	040800001001	拆除混凝土路面(厚22 cm)	m²	11.90		
2	040800002001	拆除道路稳定层(厚35 cm)		11.90		
	0401	土石方工程				
3	040101002001	挖沟槽土方(三类土、深2 m以内)		147.86		
4	040101002002	挖沟槽土方(三类土、深4 m以内)	m³	49.08		
5	040101002003	挖沟槽土方(四类土、深4 m以内)		30.27		
6	040103001001	填土(沟槽回填,密实度95%)		163.53		
	040501	管道铺设(排水管道)				
7	040501002001	混凝土管道铺设(d300×2000×42钢筋混凝土管,180°C15混凝土基础)	m	94.00		
8	040501002002	混凝土管道铺设(d500×2000×42钢筋混凝土管,180°C15混凝土基础)		106.00		
	040504	井类、设备基础及出水口				

续表 5.71

序号	项目编码	项目名称	计量单位	工程数量	金额/元	
					综合单价	全价
9	040504001001	砌筑检查井(砖砌圆形井ø1000 平均井深 2.6 m)	座	4		
10	040504003001	雨水进水井(砖砌、680×380、井深 1 m、单算平算)	座	9		
		合计				

2.××小区新建排水工程计价

(1)确定施工方案

1)此工程为新建,道路施工尚未开始,原地面线绝大部分低于路基标高,根据招标文件要求管沟回填后多余土方可就地摊平,可作为道路缺方的一部分,即不需要余方外运。

2)为减少施工干涉和保证行车、行人安全,在原井到4号井的两个雨水进水井处设施工护栏共长约 70 m。

3)4号检查井与原井连接部分的干管管沟挖土用木挡土板密板支撑,以保证挖土安全和减少路面开挖量。

4)其余干管部分管沟挖土,采取放坡。支管部分管沟挖土,因开挖深度不大,而且土质好,挖土不放坡,但挖好管沟要及时铺覆土,不能将空管沟长时间暴露,同时要做好地面水的排除工作,防止塌方。

5)所有挖土均采用人工,土方场内运输采用手推车运输,填土地膜覆盖用人工夯实。

(2)施工工程量计算汇总

1)施工工程量汇总。

①挖混凝土路面及稳定层。

表 5.72 混凝土路面及稳定层

序号	拆除构筑物名称	面积/m²	体积/m³	备注
1	挖混凝土路面(厚 22 cm)	16×1.95=31.2	21.2×0.22=31.2	
2	挖稳定层(厚 35 cm)	16×1.95=31.2	31.2×0.35=11.03	

②挖管沟土方。

表 5.73 管沟土方

序号	名称	计算式	数量/m³
1	挖管沟土方(三类土,2 m 以内)	414.8×1.05	435.54
2	挖管沟土方(三类土,4 m 以内)	178.72×1.05	187.66
3	挖管沟土方(四类土,4 m 以内)	90.79×1.05-6.86-11.03	77.86

③填方(回填管沟)。

表 5.74 土方回填

序号	名称	计算式	数量/m³
1	管沟回填	435.54 + 187.66 + 77.86 − 63.68	559.52

④支挡土板。

表 5.75 挡土板

序号	名称	计算式	数量/m³
1	木挡土板密板支撑	16 × 2.91 × 2	93.12

⑤管道及基础铺筑。

表 5.76 管道及基础

井号	管径/mm	管道铺设长度(井中至井中)/m	检查井所占长度/m	实铺管道及基础长度/m	基础及接口形式	支管及180°平接口基础铺设	
						∅300	∅250
起1						32	—
	500	30	0.7	29.3			
2						16	—
	500	30	0.7	29.3	180°平接口		
3						16	—
	500	30	0.7	29.3			
4						30	—
	500	30	0.7	15.3			
止原井						—	—
合计				103.2		94	—

2)综合单价分析及计算结果

综合单价分析及计算结果见表 5.77 ~ 表 5.87。

表 5.77 分部分项工程量清单综合单价计算表

工程名称：××小区新建排水工程　　　　　　计量单位：m^2
项目编码：040800001001　　　　　　　　　工程数量：11.9
项目名称：拆除混凝土路面(厚 22 cm)　　　综合单价：23.56 元

序号	定额编号	工程内容	单位	数量	其中/元				
					人工费	材料费	机械费	管理费	利润	小计
1	1-549	人工拆除混凝土路面(无筋厚 15 cm)	100 m^2	0.312	121.99	—	—			
2	1-550	人工拆除无筋混凝土路面(增 7 cm)	100 m^2	0.312	56.43	—	—			
3	1-409	明挖石方双轮手推车运输 50 m 以内	100 m^3	0.069	65.26					
		合计			243.77	—	—	24.34	12.19	280.34

表 5.78 分部分项工程量清单综合单价计算表

工程名称：××小区新建排水工程　　　　　　计量单位：m^2
项目编码：040800002001　　　　　　　　　工程数量：11.9
项目名称：拆除道路稳定层(厚 35 cm)　　　综合单价：23.08 元

序号	定额编号	工程内容	单位	数量	其中/元				
					人工费	材料费	机械费	管理费	利润	小计
1	1-569	人工拆除无骨料多合土基层(厚 10 cm)	100 m^2	0.312	54.61					
2	1-570	人工拆除无骨料多合土基层(增 25 cm)	100 m^2	0.312	136.70					
3	1-45	人工装运土方(运距 50 m 以内)	100 m^3	0.11	47.47					
		合计			238.79	—	—	23.88	11.94	274.61

表 5.79 分部分项工程量清单综合单价计算表

工程名称：××小区新建排水工程　　　　　计量单位：m³
项目编码：040101002001　　　　　　　　工程数量：147.86
项目名称：挖沟槽土方（三类土、深2 m以内）　综合单价：43.86元

序号	定额编号	工程内容	单位	数量	其中/元					
					人工费	材料费	机械费	管理费	利润	小计
1	1-8	人工挖沟槽土方（三类土、深2 m以内）	100 m³	4.356	5 639.80	—	—			
		合计			5 639.80	—	—	563.98	281.99	6 485.77

表 5.80 分部分项工程量清单综合单价计算表

工程名称：××小区新建排水工程　　　　　计量单位：m³
项目编码：040101002002　　　　　　　　工程数量：49.08
项目名称：挖沟槽土方（三类土、深4 m以内）　综合单价：67.85元

序号	定额编号	工程内容	单位	数量	其中/元					
					人工费	材料费	机械费	管理费	利润	小计
1	1-9	人工挖沟槽土方（三类土、深4 m以内）	100 m³	1.877	2 895.82	—	—			
		合计			2 895.82	—	—	289.58	144.96	3 330.19

表 5.81 分部分项工程量清单综合单价计算表

工程名称:××小区新建排水工程计量　　　　　　　单位:m³
项目编码:040101002003　　　　　　　　　　　　　工程数量:30.27
项目名称:挖沟槽土方(四类土、深 4 m 以内)　　　综合单价:121.22元

序号	定额编号	工程内容	单位	数量	其中/元					
					人工费	材料费	机械费	管理费	利润	小计
1	1-13	人工挖沟槽土方(四类土、深 4 m 以内)	100 m³	0.779	1 694.92	—	—			
2	1-531	木挡土板密板支撑	100 m²	0.931	447.47	1 048.38				
		合计			2 142.39	1 048.38	—	319.08	159.54	3 669.39

表 5.82 分部分项工程量清单综合单价计算表

工程名称:××小区新建排水工程　　　　　　　　　计量单位:m³
项目编码:040103001001　　　　　　　　　　　　　工程数量:163.53
项目名称:填土(沟槽回填,密实度95%)　　　　　　综合单价:35.14元

序号	定额编号	工程内容	单位	数量	其中/元					
					人工费	材料费	机械费	管理费	利润	小计
1	1-9	人工填土夯实(密实度95%)	100 m³	5.6	4 993.02	3.92	—			
		合计			4 993.02	3.92	—	499.7	249.85	5 746.49

表5.83 分部分项工程量清单综合单价计算表

工程名称:××小区新建排水工程　　　　　　计量单位:m
项目编码:040501002001　　　　　　　　　　工程数量:94
项目名称:混凝土管道铺设(d300,180°C15混凝土基础)　　综合单价:73.73元

序号	定额编号	工程内容	单位	数量	其中/元					
					人工费	材料费	机械费	管理费	利润	小计
1	6-18	平接式管道基础(d300,180°C15混凝土基础)	100 m	0.94	564.14	1 482.2	141.13			
2	6-52	钢筋混凝土管道铺设(d300×2000×42)		0.94	264.76	3 446.32	—			
3	6-124	水泥砂浆接口(180°管基平接口)	10个	4.7	100.86	27.5	—			
		合计			929.76	4 956.02	141.13	602.69	301.35	6 903.95

表5.84 分部分项工程量清单综合单价计算表

工程名称:××小区新建排水工程　　　　　　计量单位:m
项目编码:040501002002　　　　　　　　　　工程数量:106
项目名称:混凝土管道铺设(d500,180°C15混凝土基础)　　综合单价:146.74元

序号	定额编号	工程内容	单位	数量	其中/元					
					人工费	材料费	机械费	管理费	利润	小计
1	6-20	平接式混凝管道基础(d500,180°C15混凝土)	100 m	1.032	1 031.51	2 709.59	258.44			
2	6-54	钢筋混凝土管道铺设(d500×2000×42)		1.032	450.98	8 815.94	—			
3	6-125	水泥砂浆接口(180°基础,平接口)	10个	5.2	121.52	37.23	—			
		合计			1 604.01	11 662.76	258.44	1 352.52	676.26	15 553.90

表 5.85 分部分项工程量清单综合单价计算表

工程名称：××小区新建排水工程　　　　　　　　计量单位：座
项目编码：040501001001　　　　　　　　　　　　工程数量：4
项目名称：砌筑检查井(砖砌，圆形 ø1 000 平均井深 2.6 m)　综合单价：880.19 元

序号	定额编号	工程内容	单位	数量	其中/元					
					人工费	材料费	机械费	管理费	利润	小计
1	6-401	砖砌圆形雨水检查井(ø1000，平均井深2.6 m)	座	4	723.24	2 308.99	13.24			
2	6-581	井壁(墙)凿洞(砖墙厚37 cm以内)	100 m²	0.027	7.05	0.02	—			
		合计			739.29	2 309.01	13.24	306.15	153.08	3 520.77

表 5.86 分部分项工程量清单综合单价计算表

工程名称：××小区新建排水工程　　　　　　　　计量单位：座
项目编码：040504003001　　　　　　　　　　　　工程数量：9
项目名称：雨水进水井(砖砌，井深 1 m，680×380，单算平算)　综合单价：260.75 元

序号	定额编号	工程内容	单位	数量	其中/元					
					人工费	材料费	机械费	管理费	利润	小计
1	6-552	砖砌雨水井(单算平算，680×380)	座	9	626.67	1 394.47	19.53			
		合计			626.67	1 394.47	19.53	204.07	102.04	2 346.78

表 5.87 综合单价计算结果

工程名称：××小区新建排水工程

序号	项目编码	项目名称	综合单价	合价/元
1	040800001001	拆除混凝土路面(厚22 cm)	23.56 元/m^2	280.36
2	040800002001	拆除道路稳定层(厚35 cm)	23.08 元/m^2	274.65
3	040101002001	挖沟槽土方(三类土深2 m以内)	43.86 元/m^3	6 485.14
4	040101002002	挖沟槽土方(三类土深4 m以内)	67.85 元/m^3	3 330.09
5	040101002003	挖沟槽土方(四类土深24 m以内)	121.22 元/m^3	3 669.33
6	040103001001	填土(沟槽回填密实度95%)	35.14 元/m^3	5 746.44
7	040501002001	混凝土管道铺设(d300×2000×30钢筋混凝土管 180°,C15混凝土基础)	73.73 元/m	6 930.62
8	040501002002	混凝土管道铺设(d500×2000×30钢筋混凝土管 180°,C15混凝土基础)	146.74 元/m	15 554.44
9	040504001001	砌筑检查井(砖砌圆形井ø1000 平均井深2.6 m)	880.19 元/座	3 520.76
10	040504003001	雨水进水井(砖砌680×380,井深1 m,平算单算)	260.75 元/座	2 346.75
		合计		48 138.58

(3)措施项目工程量计算

1) 施工护栏长70 cm,采用玻璃钢封闭式(砖基础),高2.5 m。

2) 检查井脚手架(井架)4 m以内的4座。

3) 模板：

① 主管管座模板：$0.392 \times 103.2 \times 2 = 80.91$（$m^2$）

② 支管管座模板：$0.28 \times 94 \times 2 = 52.64$（$m^2$）

③ 检查井井底基础模板：$4 \times 3.14 \times 1.58 \times 0.1 = 2.0$（$m^2$）

④ 检查井井底流槽模板：$4 \times 3.14 \times 0.52 = 3.14$（$m^2$）

⑤ 雨水进水井基础模板：$9 \times (1.26 + 0.96) \times 2 \times 0.1 = 4$（$m^2$）

措施项目费用计算表,见表5.88。

将综合单价分析中的直接费部分和措施项目表中直接费部分汇总在一起就是××小区新建排水工程的预(结)算表,见表5.89。

表 5.88 措施项目费用计算表

工程名称：××小区新建排水工程

序号	定额编号	工程内容	单位	数量	人工费	材料费	机械费	管理费	利润	小计
		脚手架			154.52	169.64	—	31.52	15.76	371.44
1	6-1347	木制井字架(井深4 m以内)	座	4	154.52	169.64	—	31.52	15.76	331.44
		模板			1 191.25	2 390.72	116.21	369.82	184.91	4 252.91
2	6-1302	井底平基模板		0.6		31.38	100.35	4.88		
3	6-1309	井底流槽模板	100 m²	0.031		22.50	49.21	2.25		
4	6-1304	管座复合木模		1.34		1 137.37	2 241.16	109.08		
		施工护栏			65.91	2 323.47	—	238.94	119.47	2 747.79
5	1-679	玻璃钢施工护栏(封闭式砖基础,高2.5 m)	100 m	0.7	65.91	2 323.47	—	238.94	119.47	2 747.79
		合计			1 411.68	4 883.83	116.21	640.28	320.14	7 372.14

表 5.89 预(结)算表

工程名称：××小区新建排水工程

序号	定额编号	工程内容	单位	数量	单价	合价	人工费	材料费	机械费
1	1-549换	人工拆除混凝土路面(厚22 cm)	100 m²	0.312	571.86	178.42	178.42	—	—
2	1-409	石方双轮装斗车运输(运距50 m以内)	100 m³	0.069	945.76	65.26	65.26	—	—
3	1-569换	人工拆除龙骨料多余土基层(厚35 cm)	100 m²	0.312	613.17	191.31	191.31	—	—
4	1-45	人工袋运土方(运距50 m以内)	100 m³	0.11	431.65	47.48	47.48	—	—
5	1-8	人工挖沟槽土方(三类土深2 m以内)		4.356	1 294.72	5 639.80	5 639.80	—	—

续表5.89

序号	定额编号	工程内容	单位	数量	单价	预(结)算价/元 合价	其中 人工费	材料费	机械费
6	1-9	人工挖沟槽土方(三类土深4m以内)	100 m³	1.877	1 542.79	2 895.82	2 895.82	—	—
7	1-13	人工挖沟槽土方(四类土深4m以内)		0.779	2 175.77	1 694.92	1 694.92	—	—
8	1-531	木密挡土板,木支撑	100 m²	0.931	1 606.71	1 495.85	447.47	1 048.38	—
9	1-56	人工填土夯实(密实度95%)	100 m³	5.60	892.31	4 996.94	4 993.02	3.92	
10	6-18	平接口管道基础(180°C15,ø300)		0.94	2 327.10	2 187.47	564.14	1 482.20	141.13
11	6-52	钢筋混凝土管道铺设(d300平接口)	100 m	0.94	3 947.96	3 711.08	264.76	3 446.32	—
12	6-124	水泥砂浆接口(180°C15,d500)	100 个	4.70	27.31	128.36	100.86	27.50	
13	6-20	平接口管道基础(180°C15,ø500)	100 m	1.032	3 029.95	3 999.54	1 031.501	2 709.59	258.44
14	6-54	钢筋混凝土管道铺设(ø500平接口)		1.032	8 979.57	9 266.92	450.98	8 815.94	
15	6-125	水泥砂浆接口(180°管基平接口)	100 个	5.20	30.53	158.75	121.52	37.23	—
16	6-401	砖砌圆形雨水检查井(ø1000深2.6 m)	座	4	763.62	3 054.47	732.24	2 308.99	13.24
17	6-581	井壁凿洞(砖样37‰以内)	100 m²	0.027	261.67	7.07	7.05	0.02	
18	6-532	砖砌雨水进水井(单算平算 1680×380)	座	9	226.74	2 040.67	626.67	1 394.47	19.53
19	6-1347	木制井字架(井深4 m以内)		4	81.04	324.16	154.52	169.64	
20	6-1302	井底平基模板		0.06	2 276.92	136.61	31.38	100.35	4.88
21	6-1309	井底流水槽模板	100 m²	0.031	582.80	73.96	22.50	49.21	2.25
22	6-1304	管座复合木模板		1.34	2 602.69	3 487.61	1 137.37	2 241.16	109.08
23	6-679	玻璃钢施工模板(封闭式,砖基础,高2.5 m)	100 m	0.70	3 399.10	2 389.38	65.91	2 323.47	
		合计				48 171.85	21 464.91	26 158.39	548.55

思考题

1. 建设工程实行清单计价的意义是什么？
2. 定额计价与清单计价的区别是什么？
3. 工程量清单计价使用的范围包括哪些？
4. 工程量清单计价中措施项目有哪些？
5. 清单计价中综合单价如何计算？
6. 清单计价工程费用是如何构成的？

附录一 铸铁管和钢管刷油与绝热工程量表

附表Ⅰ-1 每10 m排水铸铁承插管刷油表面积

公称直径/mm	DN50	DN75	DN100	DN125	DN150
刷油面积/m²/10 m	1.885	2.670	3.456	4.330	5.089

附表Ⅰ-2 每10 m焊接钢管刷油、绝热工程量

公称直径/mm	钢管表面积/(m²/10 m)	绝热层厚度/mm									
		20	25	30	35	40	45	50	60	70	80
15	0.668	0.027	0.038	0.051	0.065	0.081	0.099	0.118	0.162	0.213	0.270
		2.245	2.575	2.904	3.234	3.545	3.894	4.224	4.884	5.543	6.203
20	0.840	0.031	0.043	0.056	0.071	0.088	0.107	0.127	0.173	0.225	0.284
		2.417	2.747	30.77	3.407	3.737	4.067	4.397	5.056	5.716	6.376
25	1.052	0.035	0.048	0.063	0.079	0.097	0.117	0.138	0.186	0.240	0.301
		2.630	2.959	3.289	3.619	3.949	4.279	4.609	5.268	5.928	6.588
32	1.327	0.041	0.055	0.071	0.089	0.108	0.130	0.152	0.203	0.260	0.324
		2.904	3.234	3.564	3.894	4.224	4.554	4.884	5.543	6.203	6.862
40	1.508	0.045	0.060	0.077	0.096	0.116	0.138	0.162	0.214	0.273	0.339
		3.085	3.415	3.745	4.075	4.405	4.734	5.064	5.724	6.384	7.043
50	1.885	0.052	0.070	0.089	0.109	0.132	0.156	0.181	0.238	0.301	0.370
		3.462	3.792	4.122	4.452	4.782	5.122	5.441	6.101	6.761	7.421
65	2.312	0.062	0.082	0.103	0.128	0.152	0.178	0.206	0.268	0.336	0.410
		3.949	4.279	4.608	4.939	5.268	5.598	5.928	6.588	7.248	7.907
80	2.780	0.071	0.092	0.116	0.140	0.169	0.197	0.227	0.293	0.365	0.444
		4.357	4.687	5.017	5.347	5.677	6.007	6.337	6.996	7.656	8.316
100	3.581	0.087	0.113	0.140	0.169	0.202	0.234	0.269	0.342	0.423	0.511
		5.158	5.488	5.818	6.148	6.478	6.807	7.138	7.797	8.457	9.117
125	4.398	0.104	0.134	0.165	0.199	0.235	0.272	0.311	0.393	0.482	0.578
		5.975	6.305	6.635	6.965	7.295	7.625	7.954	8.613	9.274	9.934
150	5.184	0.121	0.154	0.189	0.227	0.268	0.309	0.351	0.442	0.539	0.643
		6.761	7.091	7.421	7.750	8.080	8.410	8.739	9.400	10.059	10.719

注:表中双层数据,上行为绝热层体积/(m³/10 m);下行为保护层表面积/(m²/10 m)。适用缠绕式和铁皮保护层。

附表 I-3　每 10 m 无缝钢管、钢板卷管及螺旋缝钢管刷油、绝热工程量

公称直径/mm	管子外径/mm	钢管表面积/(m²/10 m)	绝热层厚度/mm									
			20	25	30	35	40	45	50	60	70	80
15	18	0.565	0.025 2.142	0.035 2.472	0.048 2.802	0.062 3.132	0.077 3.462	0.094 3.792	0.113 4.122	0.156 4.872	0.206 5.441	
20	25	0.785	0.030 2.362	0.041 2.692	0.055 3.022	0.069 3.352	0.086 3.682	0.104 4.012	0.124 4.342	0.169 5.001	0.221 5.661	
25	32	1.010	0.034 2.582	0.046 2.912	0.061 3.242	0.077 3.572	0.096 3.902	0.114 4.232	0.142 4.665	0.189 5.324	0.245 5.985	
32	38	1.193	0.038 2.771	0.052 3.101	0.067 3.431	0.085 3.760	0.103 4.090	0.123 4.420	0.146 4.750	0.194 5.410	0.251 6.070	
40	45	1.413	0.041 2.991	0.058 3.321	0.074 3.685	0.092 3.980	0.112 4.310	0.133 4.640	0.157 4.970	0.209 5.630	0.265 6.289	
50	57	1.790	0.051 3.360	0.067 3.696	0.086 4.025	0.105 4.355	0.127 4.686	0.151 5.015	0.177 5.344	0.231 6.004	0.293 6.663	
65	76	2.396	0.063 3.963	0.083 4.292	0.104 4.622	0.127 4.952	0.152 5.218	0.179 5.611	0.207 5.941	0.269 6.600	0.337 7.260	
80	89	2.795	0.071 4.371	0.093 4.701	0.117 5.030	0.143 5.360	0.169 5.690	0.197 6.019	0.228 6.349	0.293 7.008	0.368 7.668	
100	108	3.391	0.084 4.967	0.108 5.297	0.135 5.627	0.163 5.957	0.194 6.286	0.225 6.616	0.257 6.946	0.331 7.605	0.409 8.264	
125	133	4.810	0.100 5.752	0.129 6.082	0.159 6.412	0.192 6.804	0.226 7.071	0.262 7.401	0.300 7.731	0.379 8.390	0.466 9.049	0.560 9.709
150	159	5.090	0.117 6.569	0.150 6.899	0.185 7.228	0.221 7.558	0.260 7.888	0.300 8.217	0.342 8.547	0.430 9.206	0.525 9.866	0.627 10.525

公称直径/mm	管子外径/mm	钢管表面积/(m²/10 m)	绝热层厚度/mm									
			40	45	50	60	70	80	90	100	110	120
200	219	6.880	0.338 9.772	0.387 10.101	0.439 10.431	0.564 11.090	0.661 11.750	0.783 12.409	0.911 13.609	1.045 13.738	1.187 14.513	
250	273	8.580	0.408 11.467	0.466 11.797	0.589 12.456	0.652 12.786	0.784 13.445	0.992 14.105	1.068 14.764	1.221 15.433	1.379 16.083	
300	325	10.201	0.475 13.100	0.542 13.430	0.611 13.759	0.753 14.419	0.902 15.078	1.058 15.738	1.220 16.397	1.389 17.066	1.565 17.706	1.748 18.385
400	426	13.380	0.606 16.280	0.690 16.610	0.775 16.939	0.957 17.599	1.132 18.259	1.320 18.919	1.515 19.578	1.781 20.248	1.927 20.898	2.142 21.558

续附表 I−3

公称直径/mm	管子外径/mm	钢管表面积/(m²/10 m)	绝热层厚度/mm									
			40	45	50	60	70	80	90	100	110	120
450	478	15.020	0.675	0.765	0.859	1.052	1.250	14.55	1.667	1.886	2.112	2.344
			17.913	18.243	18.573	19.233	19.893	20.522	21.212	21.881	22.532	23.191
	480	15.080	0.677	0.769	0.863	1.055	1.255	1.461	1.673	1.893	2.119	2.352
			17.976	18.306	18.636	19.296	19.955	20.615	21.275	21.935	22.594	23.254
500	529	16.620	0.741	0.841	0.942	1.151	1.366	1.588	1.817	2.052	2.294	2.543
			19.516	19.845	20.175	20.836	21.495	22.155	22.814	23.483	24.134	24.794
	530	16.650	0.742	0.842	0.944	1.153	1.368	1.591	1.820	2.055	2.298	2.547
			19.547	19.877	20.207	20.867	21.526	22.186	22.846	23.506	24.165	24.825
600	630	19.770	0.872	0.988	1.106	1.347	1.595	1.850	2.111	2.380	2.516	2.936
			22.689	23.018	23.342	24.008	24.668	25.328	25.987	26.656	26.977	27.967

附录二 排水铸铁承插管管件及其组合体尺寸

1. 90°弯头、乙字弯、S形存水弯、检查口、双承套管的有效尺寸

90°弯头、乙字弯、S形存水弯、检查口、双承套管的有效尺寸见附图Ⅱ-1、附表Ⅱ-1。

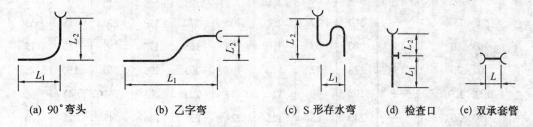

(a) 90°弯头　　(b) 乙字弯　　(c) S形存水弯　　(d) 检查口　　(e) 双承套管

附图Ⅱ-1　90°弯头、乙字管等有效尺寸示意图

附表Ⅱ-1　90°弯头、乙字管等有效尺寸

管径	90°弯头		乙字弯		S形存水弯		检查口		双承套管
	L_1	L_2	L_1	L_2	L_1	L_2	L_1	L_2	L
50	175	105	340	140	108	287	120	80	30
75	187	117	345	140	158	302	185	90	35
100	210	130	350	140	208	357	220	100	40
150	235	155	325	150	—	—	265	130	40

2. 变径管、T形三通、TY形三通的有效尺寸

弯径管、T形三通、TY形三通的有效尺寸见附图Ⅱ-2,附表Ⅱ-2。

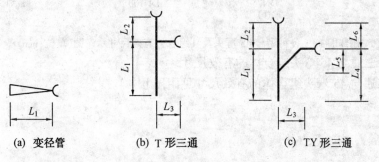

(a) 变径管　　(b) T形三通　　(c) TY形三通

附图Ⅱ-2　弯径管、T形三通、TY形三通有效尺寸示意图

附表Ⅱ-2　变径管、T形三通、TY形三通有效尺寸　　　　　　　mm

管　径	变径管	T形三通			TY形三通					
	L	L_1	L_2	L_3	L_1	L_2	L_3	L_4	L_5	L_6
50×50	—	167	63	78	90	110	110	175	85	25
75×50	140	177	58	80	115	105	110	210	95	10
75×75	—	160	77	89	105	170	170	220	115	55
100×50	150	200	55	110	105	165	175	255	150	15
100×75	150	178	77	110	102	203	208	260	150	45
100×100	—	198	90	110	117	203	203	264	147	56
150×50	—	240	65	125	124	231	246	345	221	10
150×75	—	228	77	125	124	231	241	315	191	40
150×100	160	215	90	125	124	231	236	297	173	58
150×150	—	215	118	125	135	263	263	335	200	63

3.45°弯头及其组合体的有效尺寸

45°弯头及其组合体的有效尺寸见附图Ⅱ-3(管件尺寸直接标注在管件上承插口之间,考虑5 mm左右缝隙,以下同)。

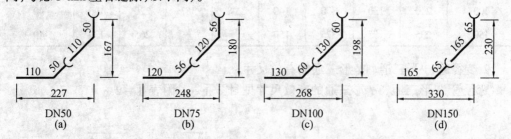

附图Ⅱ-3　各种型号45°弯头及其组合体有效尺寸示意图(单位:mm)

4.45°斜三通与45°弯头组合体的有效尺寸

45°斜三通与45°弯头组合体的有效尺寸见附图Ⅱ-4。

附　录

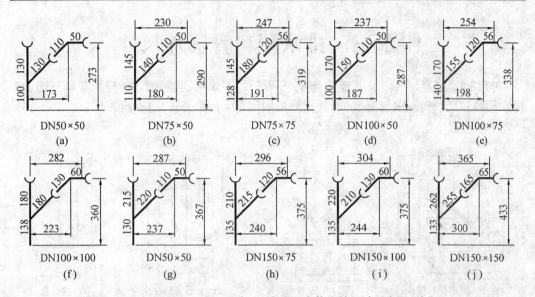

附图Ⅱ-4　各种型号45°斜三通与45°弯头组合体有效尺寸示意图(单位:mm)

5. 45°斜四通及其与45°弯头组合体的有效尺寸

45°斜四通及其与45°弯头组合体的有效尺寸见附图Ⅱ-5。

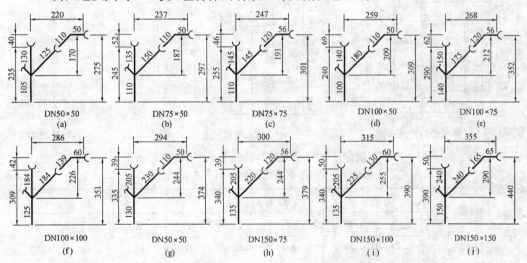

附图Ⅱ-5　各种型号的45°斜四通及其与45°弯头组合体有效尺寸示意图(单位:mm)

附录三 排水塑料管管件尺寸

90°排水塑料弯头、45°排水塑料弯头、S形塑料存水弯、异径管、90°排水塑料三通、45°排水塑料三通、管接头(管箍)的有效尺寸见附图Ⅲ-1,附表Ⅲ-1~附表Ⅲ-4。

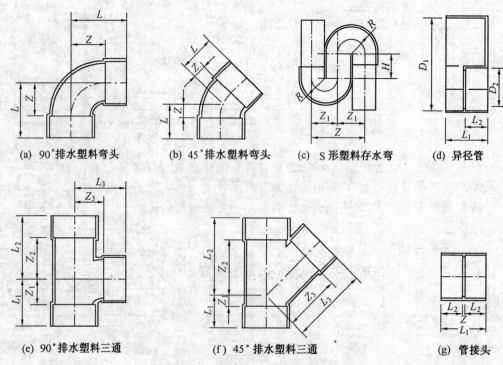

附图Ⅲ-1 排水塑料管管件尺寸示意图

附表Ⅲ-1 排水塑料弯头、S形存水弯规格 mm

外径	90°弯头		45°弯头		S形存水弯			
	Z	L	Z	L	H	Z	Z_1	R
40	—	—	—	—	50	88	44	32
50	40	65	12	37	50	108	54	52
75	50	90	17	57	—	—	—	—
110	70	118	25	73	76	232	116	113
160	90	148	36	94				

附表Ⅲ-2　90°排水塑料三通规格　　mm

外径	Z_1	Z_2	Z_3	L_1	L_2	L_3
50×50	30	26	35	55	51	60
75×75	47	39	54	87	79	94
110×50	30	29	65	78	77	90
110×75	48	41	72	96	89	112
110×110	68	55	77	116	103	125
160×160	97	83	110	155	141	168

附表Ⅲ-3　45°排水塑料三通规格　　mm

外径	Z_1	Z_2	Z_3	L_1	L_2	L_3
50×50	13	64	64	38	89	89
75×50	-1	75	80	39	115	105
75×75	18	94	94	58	134	134
110×50	-16	94	110	32	142	135
110×75	-1	113	121	47	161	161
110×110	25	138	138	73	186	186
160×75	-26	140	158	32	198	198
160×110	-1	165	175	57	223	223
160×160	34	199	199	92	257	257

附表Ⅲ-4　异径管和管接头规格　　mm

外径	异径管				管接头		
	D_1	D_2	L_1	L_2	Z	L_1	L_2
50×50	—	—	—	—	2	25	52
75×50	75	50	40	25	—	—	—
75×75	—	—	—	—	2	40	82
110×50	110	50	48	25	—	—	—
110×75	110	75	48	40	—	—	—
110×110	—	—	—	—	3	48	99
160×50	160	50	58	25	—	—	—
160×75	160	75	58	40	—	—	—
160×110	160	110	58	48	—	—	—
160×160	—	—	—	—	4	58	120

参考文献

1. 谷峡,边喜龙,韩红军等主编.新编建筑给水排水工程师手册.哈尔滨:黑龙江科学技术出版社,2001
2. 刘耀华主编.安装工程经济与管理.北京:中国建筑工业出版社,1998
3. 阮文主编.安装工程预算与组织管理.北京:中国电力出版社,2002
4. 阮文主编.建筑设备安装工程预算与施工组织管理.北京:中国电力出版社,2004
5. 杜晓玲,廖小建,陈红艳主编.工程量清单及报价快速编制技巧与实例.北京:中国建筑工业出版社,2000
6. 李希伦主编.建设工程工程量清单计价编制实用手册.北京:中国计划出版社,2003
7. 中华人民共和国建设部主编.建设工程工程量清单计价规范.北京:中国计划出版社,2003